U0274247

《岭南文化书系》编委会名单

岭南文化书系
潮汕文化丛书

潮汕味道

张新民　著

暨南大学出版社
JINAN UNIVERSITY PRESS
中国·广州

图书在版编目（CIP）数据

潮汕味道/张新民著．—广州：暨南大学出版社，2012.1（2022.3 重印）
（岭南文化书系·潮汕文化丛书）
ISBN 978－7－5668－0087－9

Ⅰ.①潮… Ⅱ.①张… Ⅲ.①饮食—文化—潮州市 Ⅳ.①TS971

中国版本图书馆 CIP 数据核字（2011）第 268334 号

潮汕味道
CHAOSHAN WEIDAO
著者：张新民

出 版 人：张晋升
责任编辑：张仲玲 武艳飞
责任校对：黄 颖 黄 斯
责任印制：周一丹 郑玉婷

出版发行：暨南大学出版社（510630）
电　　话：总编室（8620）85221601
营销部（8620）85225284 85228291 85228292 85226712
传　　真：（8620）85221583（办公室） 85223774（营销部）
网　　址：http：//www.jnupress.com http：//press.jnu.edu.cn
排　　版：广州市天河星辰文化发展部照排中心
印　　刷：广州一龙印刷有限公司
开　　本：787mm×1092mm 1/16
印　　张：12.125
字　　数：192 千
版　　次：2012 年 1 月第 1 版
印　　次：2022 年 3 月第 9 次
定　　价：62.00 元

岭南文化书系·前言

五岭以南，素称岭南，岭南文化即岭南地区的人民千百年来形成的具有鲜明特色和绵长传统的地域文化，是中华文化的重要组成部分。由于偏处一隅，岭南文化在秦汉以前基本上处于自我发展的阶段，秦汉以后与中原文化的交流日益频繁。明清以至近代，域外文化不断传入，西学东渐，岭南已经成为传播和弘扬东西方文明的开路先锋，涌现出了如陈白沙、梁廷枏、黄遵宪、康有为、梁启超、孙中山等一大批时代的佼佼者。在20世纪70年代末开始的改革开放的浪潮中，岭南再一次成为试验田和桥头堡，在全国独领风骚。

在漫长的发展过程中，岭南文化形成了兼容、务实、开放、创新等诸多特征，为古老的中华文化的丰富和重构提供了多样态的个性元素和充沛的生命能量。就地域而言，岭南文化大体分为广东文化、桂系文化、海南文化三大板块，而以属于广东文化的广府文化、潮汕文化、客家文化为核心和主体。为了响应广东省委、省政府建设文化大省的号召，总结岭南文化的优良传统，促进岭南文化研究和传播的繁荣，在广东省委宣传部的指导和大力支持下，暨南大学出版社组织省内高等院校和科研机构的专家学者编写了这套《岭南文化书系》，该书系由《广府文化丛书》、《潮汕文化丛书》及《客家文化丛书》三大丛书共30种读本组成，历史胜迹、民居建筑、地方先贤、方言词曲、工艺美术、饮食风尚无所不有，试图从地域分类的角度完整展现岭南文化的风貌和精髓。在编写过程中，我们力图做到阐述对象的个性与共性相统一，学术性与通俗性相结合，图文并茂，雅俗共赏。我们希望这30种图书能够成为介绍和宣传岭南文化的名片，为岭南经济和文化建设的再次腾飞提供可资借鉴的精神资源。

需要说明的是，本书系曾获批为2009年度“广东省文化产业发展专项资金”资助项目，在项目申报和丛书编写过程中，广东省委宣传部的领导多次给予指导，并提出了许多宝贵的意见；中山大学、华南理工大学、华南师范大学、广州大学、韩山师范学院、佛山科学技术学院、韶关学院、嘉应学院以及暨南大学的有关领导和专家学者也给予了大力支持和帮助，在此我们一并致以诚挚的谢意！

《岭南文化书系》编委会

2011年6月18日

自序：美食向导

我平日除了写作，有时也会为来汕头的朋友或媒体充当潮汕美食的向导。香港的《饮食男女》、北京的《美食与美酒》和上海的《橄榄餐厅评论》等时尚杂志来汕头做美食专题的时候，都是由我充当美食向导的。2007 年，蔡澜先生和香港翡翠台来汕头拍摄《蔡澜逛菜栏·潮菜篇》，也是由我带路的。对此蔡澜先生在《木棉》这篇文章中是这样说的："一切数据搜索已经做好，请别担心。资料来源出自张新民所写的《潮菜天下》，我和作者有一面之缘，这次根据这本书，不愁找不到东西吃了。"他又说道："别人来汕头寻味是需要地图的，但我不需要。本来我们这次来汕头的地图是《潮菜天下》，但有作者亲自陪同，就像有测绘地图的专业人员陪同，那还要地图干吗呢？"

美食向导

寻食路上经常充满曲折和憧憬。（摄影：张无忌）

也许有人会说："美食向导，不就是带人四处找吃的嘛。我也经常做美食向导，上月我家的泰国亲戚回来，就是由我带去吃饭的！"

说得也是，不带路还当什么向导？但如果只是为了找一家不错的餐馆，那问一下出租车司机就行了，何必费事找什么美食向导！实际上，人们之所以寻找美食向导，是将他们看成是知味者或美食家，期望能够得到专业的指导。《礼记·中庸》这样说："人莫不饮食也，鲜能知味也。"意思是虽然人人都得吃饭，但真正懂吃知味的人其实很少，言外之意是指美食还是很需要知味的人给予指引的。也许正是这个原因，古今中外各种各样教人吃食寻味的美食书籍才会层出不穷。就连法国著名的《米其林指南》，也从2009年开始，将他们的"美食评价"和"餐厅指南"扩展到香港和澳门，收录两地共251间餐厅食肆，为到这两地旅游寻食的人提供美食指南。

已故作家陆文夫在小说《美食家》中对美食家的特征做了这样一些描述：美食家的最大本领就是对本地的食物了如指掌并且喜欢到处寻食。每当有新奇食物出现的时候，他们都会火速赶到并且在试味之后作出恰当的评价。在古代，知味者则往往被当成是有特殊功能的人，比如春秋时期的名厨易牙，《吕氏春秋》这样说："淄渑之（水）合者，易牙尝而知之。"淄、渑是齐国（今山东省）境内的两条河流，将两种河水混在一起，易牙一尝就能辨别出来，辨味能力的确匪夷所思。古人还常有"劳薪之味"的说法，说是如果用破车轮子或破旧器具劈成木柴烧水，高明的知味者就会吃出那种异味。有趣的是，潮汕人冲工夫茶时对水质也很讲究，认为煮水的最佳燃料是用乌榄核烧成的橄榄炭。去年我与《时尚旅游》的记者采访国家非物质文化遗产"潮州工夫茶"传承人叶汉钟时也谈到了橄榄炭。叶汉钟认为橄榄炭的特异之处除了能够让水产生橄榄的清香，还在于火力的猛烈。他当场用橄榄炭和电磁炉同时煮水，分别倒在茶杯上让我们品尝，电磁炉虽然将水煮开了，但温度是比不上橄榄炭的，水的味道也不一样。是不是如此，以后读者如有机会一定要试一试。我自己对此是另有看法的，说白了就是受着物理学的影响，只相信温度与分子的热运动有关，并不认为电磁炉与橄榄炭烧出来的水会有什么不同。

橄榄炭

相传冲泡潮州工夫茶的最佳煮水燃料就是这种橄榄炭。

我还认为，美食之于口，正如音乐之于耳，绘画之于目，都是人类创造的艺术。艺术虽然讲究天赋，但大部分知识技能还是可以通过后天学习得到的。

潮汕寻味

国内很多有名的美食家都先后到过潮汕寻味。从左至右为：上海大有轩蔡昊、上海成隆行蟹王府柯伟、北京大董餐饮董振祥、香港亚视黄丽梅、上海辉哥火锅洪瑞泽。（照片摄于澄海莱芜成兴渔舫）

对于美食的本质，我是这样看的：美食不比饮食，饮食是为了满足生理需要，是用以解渴与充饥的；美食则是艺术欣赏，是舌头和思维的愉悦。很多时候，吃喝表现为一种很私人的体验，当时的环境、身体的状况、与什么人同食、进餐的方式、话题和气氛、心情与处境等，都会影响人们对食物的评价。但是，美食也是一种能力和境界，需要不断学习和营造。我以为，如果要成为一个美食家或知味者，必须具备下面四种能力：

第一，能够吃出美味。能辨别味道的好坏当然是一切美食活动的基础，如果连香与臭、好与坏都吃不出来，那还谈何品尝美食。味觉这种东西还是要讲究天赋的，有的人天生色盲，有的人则天生味盲，也就是味蕾不发达。味盲跟色盲一样是先天性的，无从补救，如果存有这种缺陷，最好的办法当然是远离美食。但与嗅觉一样，味觉的好坏也有后天训练的因素。我年轻时有过10年的调香经历，那时每天必修的课程是闻香训练：用闻香纸条蘸取各种单体香料或芳香油，通过闻香牢记它们的香气特征。只有在熟悉各种香味之后，才能够将它们组合起来调配成迷人的香精。正如文学家和画家需要“读万卷书，行万里路”，通过增长学识来创造出好作品一样，美食家也需要通过不断学习和增长见识来提高自己的“食识”。天天重复牛奶面包或稀饭咸菜是不可能吃出美食家的。要成为知味者，当然最好是能够尝遍天下的美食，但受到金钱、时间等因素的限制，我们大多数人是不可能做到的。幸好我们可以借助美食书籍或老师的指导学到很多有用的间接经验。

第二，能够吃出文化。所谓美食，本质上无非是文化对食物的叙述。以鲎粿这种著名的潮汕小吃来说，如果别人问你，这种用大米粉做成的粿品为什么称为“鲎粿”？它们是不是用鲎做成的？为什么我只看见虾而看不见鲎？这时如果你能从韩愈《初南食贻元十八协律》中的“鲎实如惠文，骨眼相负行”谈起，讲述唐代以来鲎醢和鲎粿一千余年的演变史，讲述潮汕人关于鲎粿的各种传说和方言俗谚，让人在吃食鲎粿的同时聆听到潮汕美食远古的回声和美妙的故事，那么，这个时候，鲎粿就不仅仅是潮阳乡间的一种普普通通的小吃，而会变成地地道道的潮汕美食。

第三，能够吃出健康。中国饮食有一种很重要的传统，就是“医食同源”和“药膳同功”。饮食跟中医一样强调天人合一，适时养生，具体而言就是利用食物原料的特性和配合烹制出各种各样具有保健作用的美味佳肴，并以之调和阴阳和季节的变化，达到防治疾病和保持健康的目的。从北宋开始，潮州先贤吴复古就比较完整地继承并且发扬了这种优良传统，他提出的“安和之道”养生观受到了包括苏东坡在内的众多士子的追捧，提倡的糜粥文化和“不时不食”的饮食理念至今仍被潮汕人奉为圭臬。可以说，一个真正懂吃的人，也必定是一个注重健康饮食的人。他对食材和时令会很关注，不会吃过量的味精，不会喝隔夜的茶水，夏天他会吃鲈鱼而到了冬天则会吃乌鱼（鲻鱼）。潮汕人将这种“适时而食”的饮食行为概括成“寒乌热鲈”，“六月鲤姑，七月和尚”等许多饮食俗语。

第四，能够吃出价值。正如文物专家在鉴宝的时候，不但要判断对象的真假，还要告诉你为什么，真正的知味者在谈论美食的时候，同样也需要讲述原因。这个解答为什么的过程，实际就是对食物进行价值评估的过程。这个过程可能很复杂，但始终离不开以下四点：一是食材是否尊贵。以干鲍来说，至少能够指出鲍鱼的产地、品种和头数，如果连南非鲍和日本鲍都搞不清楚，那么也就没有资格谈论鲍鱼了。二是烹制技艺是否高超。北京大董的董氏烧海参是很有名的，如果吃时你不知道刺参的价值，不知道鲁菜的绝活葱烧海参，不知道大董的中国意境菜、分子料理和董氏海参的创新之处，买单的时候你可能就会嫌贵，反之就会觉得物有所值。三是就餐环境是否高雅。简单说吧，路边大排档和高级餐馆的收费肯定是不同的。四是文化传承是否久远。岁月往往会在食物身上留下陈香醇味，让人回味无穷。历史地看，美食虽然经常在奢侈与家常之间摇摆不定，但无论是富人的一掷千金还是穷人的俭省度日，他们都是围绕“物有所值”这样的价值观念来花费的。这也是我们要强调美食价值的原因。

计划写作《潮汕味道》这本书的时候，我将所有读者都设想为美食爱好者或者是希望成为美食家或知味者的人，我自己的角色则是一位美食向导，我们正在虚拟世界里进行一次潮汕美食之旅。我的任务是不仅让美食团的成员吃到最具代表性的潮汕美食，还要让他们领略到潮汕饮食文化的精髓。按照我的理解，潮汕美食虽然是由卤味、鱼饭、蚝烙、粿品小食、益母草汤、生腌海产品、白粥和杂咸、牛肉丸和牛肉火锅等众多具体的潮式风味食物组成的，但这些原本非常普通的食物为什么会变得美味起来？它们隐含着哪些历史故事，沉淀了什么乡土文化，又表达了怎样的饮食理念呢？既然我们进行的是一次美食之旅而不是饮食之旅，当然很有必要将潮汕美食的精神挖掘出来。

上面提到的美食家或知味者的四种美食能力，实际上是近年来我对美食理论的研究成果。如果别人问我何谓美食，我大概会这样定义：美食是人文的食物，具有美味、文化、健康、价值四种属性。有了这种想法之后，我这本讲述潮汕味道的新书，自然会围绕美食这四种属性来展开叙述——这就意味着《潮汕味道》将是一本以潮汕美食为例，对美食之道进行探讨的人文读本。听起来有些枯燥，但你们闻到香味没有？潮汕已经到了，该下车了，让我们开始潮汕美食之旅吧！

目　录

一、初尝潮菜

（一）潮汕卤鹅

说起潮菜的卤味，突然想起了郭青螺在《潮中杂记》中说过的一句话："潮之果以柑为第一品，味甘而气香，肉肥而少核，皮厚而味美，此足甲天下。"郭青螺是明万历年间潮州知府郭子章的号，潮州柑的主要品种则是椪柑和蕉柑。在历经400多年之后，椪柑和蕉柑早已成为亚热带地区最具代表性的柑橘品种。而今日潮菜中的卤味，以其美味和影响，用"第一品"这样的称谓来形容是当之无愧的。

世界鹅王

潮汕的狮头鹅因其额颊肉瘤发达呈狮头状而得名，且体型巨大，又有"世界鹅王"的美誉。

潮汕的狮头鹅，原产地是饶平县浮滨镇溪楼村，因其额颊肉瘤发达呈狮头状而得名。狮头鹅体型巨大，有“世界鹅王”的美誉，据记载，最重公鹅达18公斤。潮汕卤狮头鹅历史悠久，有一套独特的卤制技法，并以此为基础形成著名的潮式卤味。就卤菜而言，在粤、鲁、苏、川四大菜系中，粤式（实际是潮式）卤味以味浓香软著称，既不同于苏式的鲜香回甜，鲁式的咸鲜红亮，也不同于川式的香辣辛冽，是最受美食家们推崇的。当年潮菜烹调大师朱彪初开列的最地道潮菜食单中，排在首位的就是潮汕卤味。

我曾经仔细研究过潮式卤味的常见卤法，发现其基础香料与其他菜系的用料其实大同小异，比如要卤一只净重6 000克的宰净光鹅，可以考虑采用如下配方：

配料A：八角20克、桂皮15克、花椒10克、小茴香10克、芫荽籽10克、砂仁10克、香叶10克、丁香10克、草果10克、甘草10克、罗汉果30克、白糖30克、味精10克；

配料B：蒜头200克、南姜150克、芫荽头50克、香茅20克、葱头20克；

配料C：生抽900克、老抽100克、精盐100克、料酒500克、食用油或肥肉200克、净水4 000克。

卤鹅香料

南姜又被称为“潮州姜”，是一种混合型的辛香料，常被认为是潮汕卤味的独门配料。

配方中的A部分配料为其他菜系也经常使用的配料，如果是苏式卤味可能白糖会多放一些，而川式卤味则可能会增加花椒和辣椒的分量。这部分香料通常会用香料袋包好，与C部分配料合在一起煮40分钟成为卤水。如果混入已滤清的老卤，则应酌量减少。B部分配料则会被塞入光鹅的腹腔内，卤熟后才拿掉，其中的南姜也被称为“潮州姜”，是一种混合型的辛香料，除了强烈的姜味，还具有肉桂、丁香和胡椒的香味特征，常被认为是潮汕卤味的独门配料。C 部分配料的特别之处在于用到食用油或肥肉，目的是在卤水的表面形成油层，使卤鹅色泽更加油亮，肉质更加肥美。

潮汕最负盛名的卤鹅店是澄海苏南的“贡咕”卤鹅。相传该店由许松发始创于清光绪年间，至今已历百年以上，而“贡咕”之名，竟然是源于卤鹅时锅里发出的响声。原来潮式卤鹅因为加入肥肉，再加上肥鹅体内的油脂受热后溢出，会在卤水表面形成厚厚的油层。当锅内的卤鹅经过几次吊水（将整只鹅吊起离汤后再放下，使腹腔受热均匀）之后，炉火会由武火改为文火。这时锅内的水汽受油层所阻不能随时蒸发，须积聚成较大的气泡后才能破油而出，从而发出响声。到店里购买鹅肉的人听到这“贡咕、贡咕”间断响起的气泡声，便口口相传，故将卤鹅店称为“贡咕”卤鹅。

汕头市郊的下蓬、欧汀一带，还有专门卤制老狮头鹅头的卤鹅店。本来对于鸡鹅鸭的最佳宰杀期，潮汕俗语“稚鸡硕鹅老鸭母”早有定论，强调鸡要小、鹅要大、鸭要老，并不认为老鹅比大鹅更好。但这老鹅头的确是一种另类，被选中的都是退役的种公鹅，大的每只达 30 斤左右，要花双倍的卤料和时间去卤制。卤好之后也只是鹅头好吃，鹅肉却少有人问津，因此店家就把整只鹅的成本和利润都押在鹅头上面，价钱越炒越高，近年每斤已超 200 元，一个三斤多重的鹅头要值好几百元。外地媒体来到汕头，谈起潮菜时经常会问及老鹅头，看来老鹅头已经被公认为是潮汕卤味的极品了。

一只卤鹅，除了鹅头之外，其实还有很多美味好吃的部位，比如鹅肝、鹅胗、鹅肠、鹅血、鹅卵、鹅掌、鹅翅等。即使是鹅肉，不同部位滋味也往往各不相同，大体是肉多的部位味甜，脂多的部位味香。从美食的角度，我最推崇的是鹅肝，其次是鹅头，第三才是鹅掌。但究竟要买鹅的哪个部位，还应考虑到经济和个人偏好的因素。家庭主妇买得最多的是鹅肉，因其性价比最高，最适合居家过日子；昂贵的老狮头鹅头通常只由高档餐厅卖给对钱不太计较的大款食客；真正的肥鹅肝大部分人都喜欢，但要比普通鹅肝贵很多；鹅掌和鹅翅是经典的下酒菜，但并不适合牙齿缺损的老年人……所以在潮汕美食之旅的菜单上，最好点个卤味拼盘，这样才能够品尝到潮汕卤鹅各种各样的滋味。

卤鹅八珍

鹅掌、鹅翅、鹅肝、鹅头、鹅肠、鹅胗、鹅肉、鹅血……潮汕卤鹅的这些不同部位各有滋味，难分优劣，合在一起叫“卤味拼盘”。（詹畅轩摄于汕头市二八粗菜馆）

（二）巴浪鱼饭

为了将巴浪鱼饭制作的整个流程拍摄下来，我跟“达濠鱼饭”熟鱼店的纪经理约好，渔船靠岸即刻通知我们。那天我与《美食与美酒》的编辑吴江和摄影师何文安早晨6点多就到二八卤鹅店拍摄老鹅头，弄完后便到文化街田记吃益母草猪血汤。正吃时，电话突然响起，说是渔船已到，我们便匆匆赶到达濠海边。这时码头已是热闹非常，很多人正从船舱往外起卸，更多人正在分拣和装运渔获。多年从事水产生意的纪老板随手从鱼筐里挑出了十来种鱼，并列摆放在准备用来装鱼的空竹筐上，逐一向我们介绍，其中跟巴浪（蓝圆鲹）长相很接近的鱼类就有宽目（竹荚鱼）、吊景（颌圆鲹）、白面巴浪、花仙（鲐鱼）、姑鱼（金色小沙丁）、幼条的裸仔（扁舵鲣）等，另有苏君（鲟鱼）、那哥（蛇鲻）和红目连（大眼鲷）等几种虽然长相差别较大却很难叫出名字的鱼类。要做鱼的生意，当然要先从识别和挑选鱼开始，要不卖的就只能是杂鱼了。

巴浪鱼饭煮制流程

巴浪鱼容易腐败，所以最讲究新鲜，用“就捞鱼”即当次鱼讯的巴浪鱼煮成的鱼饭实在太鲜甜、太好吃了！（摄影：何文安）

北京来的吴江觉得很神奇，后来在2010年12月《美食与美酒》的《潮汕至味美食专辑》中选用了这张杂鱼照片，说明部分是这样写的：“来分清这些鱼试试！”实际上，不要说远离海边的北京人，大部分潮汕人同样是分不清这些鱼类的，甚至一些专门书籍都表述得不是很清楚。比如，经常跟巴浪鱼相提并论的花仙和姑鱼，其实分属于不同的鱼类科目，其中巴浪鱼属鲈形目鲹科，花仙属鲈形目鲭科，而姑鱼属鲱形目鲱科，但花仙有时也被称为“巴浪”，甚至跟幼小一点的蓝点马鲛同样被称为青花鱼或鲐鲅鱼。我见过一本国外的烹饪书，聪明的作者干脆将这一类鱼通称为“多油鱼”，说它们营养丰富而且有益健康，原因是含有较多不饱和脂肪酸和A、D等多种维生素。但这类多油鱼也有一些缺点，比如骨刺多、腥味重、难烹饪等。而且这类鱼组氨酸含量很高，运销过程中极易腐败，导致有些人吃了之后会出现过敏性中毒症状。

自从大黄鱼等优质鱼类因滥捕而绝迹之后，我国的海洋渔获越来越趋向低档化。如果用金字塔来形容，居于水产品最底层的正是巴浪鱼。我手头上有份统计资料显示，潮汕海域每年巴浪鱼的产量最高达50万担，其次是剥皮鱼类（单角鲀和马面鲀）约25万担。居于金字塔中间的也是市场上很常见的鱼类，主要是那哥、钓鲤（金钱鱼）、红鱼（鲱鲤）、带鱼、姑鱼、花仙、马鲛、红目连、海鳗、佃鱼（龙头鱼）、小公鱼（鳀鱼）等中低档鱼类，年产量10万多担。居于金字塔顶端的较名贵的鱼类有石斑、鲳鱼、赤棕（真鲷）、黄墙（黄鳍鲷）、鳘鱼、黄鱼等，现在不仅产量逐年减少，而且个体也越来越趋向小型化。

巴浪鱼的产量虽然很高，但从广西的北海到山东的青岛，即使是海边的很多人都不吃或少吃巴浪鱼，而是拿它们来当高档养殖鱼的饲料。饮食这事儿，还真与习俗有很大的关系。吃巴浪鱼最多的地方就是潮汕，其次是闽南。那天，我们在码头看见几条捕获巴浪鱼的渔船都是从阳江来的，因此我猜想潮汕很可能是闽粤一带海域捕获巴浪鱼最主要的集散地。正如后面将要谈到的一种叫“薄壳”的小海贝，我国南方沿海很多地方都有出产，但海南人只是用来喂鸭子，只有潮汕人和部分闽南人才会吃这种小贝壳。

潮汕人吃巴浪鱼最主要的方法是煮成鱼饭。所谓鱼饭，是指不经打鳞剖肚去鳃，装于竹篓或竹筛内用盐水煮熟的海产品。经常有人问我，为什么潮汕人要将煮熟的鱼称为鱼饭呢？我说因为这种煮鱼的方式和吃鱼的方式同煮饭和吃饭很相似。鱼饭原本只是海边疍民或渔民的渔家菜。潮汕的海边以前有很多疍民，据宋《太平寰宇记》所载，疍民是“海上水居蛮也，以舟楫为家，采海物为生”，诗人杨万里也有《疍户》诗云：

天公分付水生涯，
从小教他蹈浪花。
煮蟹当粮那识米，
缉蕉为布不须纱。

诗人描写了疍民这种以鱼虾蟹为主食的水上人家。《水经注》等古书也有“不粒食者”的记载，指的也是这些以鱼虾蚌蛤为生，不依赖麦粟的疍民。我相信鱼饭的得名，与这种将鱼虾蟹当饭吃的生活习惯有着直接的关系。

旧时因为没有冷冻保鲜条件，打捞上来的海产品如果不想晒成鱼干或腌成咸鱼，最好的保鲜办法是趁新鲜时用盐水煮熟，只要够咸即使放上几天都不会坏，又能保持原味，特别好吃，因此很受欢迎。如果鱼饭仍然卖不完，还可以将其晒干后再卖。实际上像巴浪鱼这种容易腐败的鱼类，是不能用晒鱿鱼干那种生晒方法的，一定要用熟鱼进行晒干，这是水产品加工的常识。据我所知，仅澄海区的盐鸿镇就有很多家作坊，专门加工巴浪鱼饭干，然后卖到江西等一些缺乏海货的内陆地区。潮汕能成为巴浪鱼的集散地，是与这种水产品加工业息息相关的。

巴浪鱼饭同时又是著名的“潮州打冷”的主角，可以说是最具代表性的潮菜之一。“潮州打冷”有冷盘的意思，除了卤狮头鹅、冻蟹与冻龙虾，还包括各种各样的冻鱼饭。以巴浪鱼为代表的潮汕鱼饭，烹饪时除盐之外不加任何调料，往往能通过食物的本味，达到“至味无味”的境界。可以这样说，潮汕鱼饭虽然做法简单，但它所表现出来的崇尚本味的饮食理念并不简单，因此受到普遍的欢迎。

（三）香煎蚝烙

蚝又叫“牡蛎”，好像要故意跟以火为标志的人类文明过不去似的，不经任何烹饪直接生吃的牡蛎，反而要比煮熟的更有滋味、更富营养！但现代社会海洋环境污染严重，真正无菌卫生适合生食的牡蛎要么需要到远离城镇的海岛去养殖，要么收获后需经过吊养净化，极难获得且价格昂贵。如果用来烹饪，则无论采用蒸、煮、烤、烧何种方法，蚝体都会脱水缩小，鲜味往往丧失。潮汕的香煎蚝烙，是我吃过的少数经过烹饪之后仍能较好保存牡蛎清鲜之味的美食。

潮州人食蚝的历史相当久远，潮州陈桥和梅林湖贝丘遗址就是当地先民吃蚝留下的证据，唐代韩愈就用诗句“蚝相黏为山，百十各自生”来形容潮州的这种海产。具体到蚝烙这种食物，大约在晚清时期就已形成了，因为当时已经出现了“老会馆蚝烙”。按汕头埠的老会馆，指的是“漳潮会馆”，建于清咸丰四年（1854），位于安平路36号现今百货大楼后面，当年那一带还是海墘码头。到1930年，又有杨、胡、姚等多家蚝烙摊档聚集在升平路的西天巷一带摆卖，形成蚝烙美食一条街，“西天巷蚝烙”的名头也越来越响。然而新中国成立后经过公私合营改造，西天巷蚝烙与原先遍布汕头街头巷尾的饮食摊贩一样歇业了。1960年，邱淑英以女传人的身份重新经营西天巷蚝烙，至今已历50多年了。西天巷蚝烙成为汕头最负盛名的蚝烙店，她本人也理所当然地成为潮汕蚝烙第一人。

西天巷蚝烙

西天巷蚝烙被媒体称为“最有人情味的蚝烙”。经营者邱淑英守着汕头老街这个旧摊档已经超过半个世纪了。（摄影：何文安）

这种历经百年传承的蚝烙究竟有什么特别之处呢？我们先来看看制法。蚝烙的主要用料有鲜蚝、雪粉和鸭蛋。做法是先用旺火烧热平底生铁鼎，下足猪油。蚝烙有个别名叫“厚朥蚝烙”，厚朥的意思自然是要用很多猪油。潮汕饮食俗语“厚朥猛火芳臊汤”，讲的就是煎蚝烙的特点。蚝烙选用的鲜蚝，潮汕人又称“蚝仔”或“珠蚝”，在蚝种分类上属褶牡蛎，常附生于海边岩礁或码头之上，当地的妇女儿童常于潮退海滩露出之时，用尖嘴的凿锤和蚝刀敲撬采取。故民谣《刀叠刀》这样唱：

> 刀叠刀，
> 爬上刀堆叫卖蚝。
> 勿嫌阮个蚝仔细，
> 蚝仔细细正有膏。

雪粉是指精白的薯粉。至于为什么选用鸭蛋，之前曾有人跟我讨论过，我说其实用鸡蛋也是可以的。旧时鸡比鸭贵，鸡蛋也比鸭蛋贵，做生意嘛，谁都想要本小利大。煎蚝烙时，要先将蚝仔和薯粉用水调成稀浆，这个步骤可以说是烹制蚝烙的关键。加薯粉的目的是为了吸收蚝仔受热脱出的水分，同时使蚝仔更加滑嫩。如果水太多粉浆太稀，是无法煎烙的，而会变成一些糊状物，潮汕人将其称为“蚝爽”，也算是一种滋味不错的蚝食。

煎蚝烙

煎蚝烙的技巧被总结为俗语“厚朥猛火芳臊汤”。

紧接着要将粉浆落鼎。因为热鼎多油的缘故，粉浆受热的一面会先定形并变成诱人的金黄色，另一面则还是含水生嫩的。这时就可在上面浇上蛋液。蛋液的作用，一是吸收水分，二是增添色泽，三是提高营养，四是增加价值。这时蚝烙初成，将其翻转过来，让粘有蛋液的一面也煎成金黄色便可装盘。一道外脆内嫩，蚝香十足的经典美味蚝菜就这样诞生了。按照食俗，上桌时一定要趁热将洗净的芫荽放在蚝烙上面，俗语称为“芫荽叠盘头”，除了好看，还让蚝烙的余热将芫荽的香味逼出来，同时一定要配搭鱼露、辣椒酱和胡椒粉这三种作料。

以上是我以日常的食理对蚝烙这种民俗食物所做的分析，与在市面上吃到的可能不太一样。事实上，潮汕蚝烙虽然历史悠久，但并无统一的配方和操作规范，可以说是各有各的说法和做法，出品更是良莠不齐。以名称来说，我在潮州府城新建的牌坊街见到的蚝烙店招牌都错写成了“蚝煎”。在潮菜烹饪技艺中，“煎”与“烙”虽然相近，但还是有区别的：煎与烙都指用不淹没食物（淹过即为炸）的油量使食物熟化并使其外表金黄的烹饪方法，但烙还特指以水和淀粉拌匀后用煎烙技法制成的饼状食物，常见的除了蚝烙，还有秋瓜烙、佃鱼烙等。换句话说，“蚝烙”包括了加入淀粉成烙的特定做法，而“蚝煎”仅指将蚝用油煎熟而已。闽南的蚝仔煎，做法是先下蚝后下薯粉水，与潮汕的蚝烙有异。

好吃的蚝烙，应该是外脆内嫩，蚝多粉少。要使蚝烙外脆内嫩，烹饪过程就必须“厚朥猛火”，而且以蚝刚熟为度。凡是外皮烧焦的，蚝肉过熟的都只能算是下品。蚝烙加粉的目的是为了吸附蚝受热脱出的水分并成为饼状，加粉量应以能吸水成烙为度，如果粉很多而蚝很少，那就变成了“薯粉烙”了。市面上的蚝烙还经常在粉浆中加入葱粒，但我以为蚝与芫荽才是绝配，既然在烹制完成后还要“芫荽叠盘头”，那么这葱粒还是不加为好。

（四）鲜炒薄壳

薄壳这种小型贻贝学名叫“寻氏短齿蛤”，在南方的海边很常见。虽然肉味鲜美可供食用，但海南等很多地方的人主要还是将其用作饲料和农田肥料。只有潮汕人将薄壳看成是上天赐予的美味，在夏日薄壳盛出的季节，大吃特吃。美食本来就是人文的食物。跟巴浪鱼习俗一样，薄壳也是一个很特别的美食范例：薄壳美食的人文特点，几乎在养殖、收获、运销、烹饪、加工各个环节都表现得淋漓尽致。

先从养殖说起。薄壳的人工养殖，很可能是由潮汕人首创的，因为在清嘉庆《澄海县志》中已经有了薄壳场的记载：“薄壳，聚房生海泥中，百十相黏，形似凤眼，壳青色而薄，一名凤眼蚬，夏月出佳，至秋味渐瘠。邑亦有薄壳场，其业与蚶场类。”在饶平、南澳、达濠等海边，至今仍有大面积的薄壳场，特别是饶平柘林湾，常年放养面积达几万亩。2009年8月，由我策划，汕头市美食学会和汕头市旅游局主办的首届汕头薄壳美食节隆重举行，其中的重头戏就是“薄壳美食之旅”。

历史上由于运销的关系，薄壳的收获都在午夜之后进行。原来薄壳只生长在中低潮线的泥滩上，渔民们要在凌晨3点钟左右到达生长薄壳的海区，然后裸体潜进两人多深的海底，用带网兜的薄壳弯刀将薄壳连同泥沙一起割上来，交给在船舷边的人洗去泥沙。这种潜割的作业通常每人要重复200次，割薄壳和洗薄壳的要轮流做，直到船体装满薄壳才回程。这时太阳初升，渔船靠近码头，批发商和车辆已在那里等着，要将薄壳及时起卸运到各地批发给小贩，再由小贩在菜市场上摆卖。

旧时因为饶平海边距离汕头有60公里远，汽车又少，鲜薄壳小贩运到汕头菜市场已是下午三四点钟。那时的鲜薄壳都没有初加工，带着泥绽（其实是贝类的足丝），一团团纠缠在一起，买回家后要摘掉洗净后才能拿来炒。炒薄壳需要猛火，但那时大家都用蜂窝煤炉，火力不足。像我奶奶那样讲究的人，家里都备有一些柴屑，炒薄壳时会放些在煤块上，虽然使屋子里一时浓烟滚滚，甚至让人眼泪盈盈，但瞬间产生的烈焰使炒出来的薄壳特别肥嫩，相较之下还是值得的。这道理跟我以前讲过的汕头大厦用猪油烧火炒芥蓝菜是一样的，他们每次都要用两勺猪油，一勺放锅里炒菜，一勺浇在锅下的煤炉上，用瞬间燃起的猛火来炒菜。

鲜炒薄壳

潮式炒鲜薄壳除了放蒜头、沙茶和辣椒，一定要加入一种叫金不换或九层塔的香料。（照片提供：厦门嘉和潮苑大酒楼）

在薄壳旺季，很多家庭每天都用鲜炒薄壳来代替园蔬，大吃特吃这种价廉味美的海鲜美食。有句潮汕俗语是这样说的："食薄壳找不着脚屐"或"食薄壳找不着奴团"，意思是贪吃的媳妇只顾着吃薄壳，吐出来的空壳多至将木屐或小孩遮盖住而找不到了！脚屐即木屐，是

薄壳米

将薄壳脱壳成米的方法是一项专门的技术，整个潮汕也只有澄海盐鸿这个地方有这种传统产业。（摄影：李俊伟）

有塑料拖鞋之前潮汕人垫脚的物品，可见潮人吃薄壳的历史之久！

用薄壳做出的美食多得让人眼花缭乱，比较常见的除了鲜炒，还有与芋卵一起煮成的薄壳芋，与粿条（或尖米丸）一起煮成薄壳粿条汤以及早餐用来下饭的咸薄壳。由蒜头油、沙茶酱、红辣椒丝和一种叫金不换或九层塔的植物香料构成的薄壳风味菜肴，让人一吃就联想到潮州菜。

薄壳的另一类食法是加工成薄壳米。将薄壳脱壳成米的方法是一项专门的技术，整个潮汕也只有澄海盐鸿这个地方有这种传统产业，其中的佼佼者是一家叫壮雄薄壳米的公司。薄壳米的味道极其鲜美，可以直接食用，也可以之为主料做成更多的薄壳美食。比如用薄壳米炒韭菜或葱头，还有薄壳米炒饭、薄壳米煎蛋等。打薄壳米后的空贝壳仍残存有一些薄壳肉，壮雄便以之来饲鸡，养成的鸡味道特别鲜美，被称为“薄壳米鸡”。

大部分潮汕人虽然从小就吃薄壳，但对于薄壳是如何生长、如何采收和如何加工的却一无所知。就连那些见多识广的摄影家，也没听说过有谁拍摄过裸体收割薄壳的照片。所以“薄壳美食之旅”一经推出，即以其新奇性吸引了很多人的眼球，报名参加的人更是络绎不绝。

不少外地人对这项活动也很感兴趣。一般是先让客人到饶平坐船出海参观一望无际的薄壳场，看渔民潜进水里用木柄弯刀收割薄壳，再到澄海盐鸿壮雄薄壳米公司观看打薄壳米，然后在用薄壳贝灰建成的房子里坐下来，品尝用薄壳做成的各种美食，品味薄壳文化。

采薄壳

采薄壳是一项很艰辛的工作，渔民们要裸体潜进两人多深的海底，用带网兜的薄壳弯刀将薄壳连同泥沙一起割上来。（摄影：孙日绚）

（五）煮杂鱼仔

潮汕人吃海鲜时有这样一句食谚："一鲜二肥三当时"，这里的"鲜"指新鲜，"肥"是肥美，"当时"即汛期。在这句食谚中，"肥"与"当时"往往是重叠在一起的，比如《南澳渔名歌》列出了一年各个月份的鱼汛：

正月带鱼来看灯，
二月春只（黄姑鱼）假金龙。
三月黄只（雀）遍身肉，
四月巴浪（蓝圆鲹）身无鳞。
五月好鱼马鲛鲳，
六月沙尖（多鳞鱚）上战场。
七月赤棕（真鲷）穿红袄，
八月红鱼（鲱鲤）做新娘。
九月赤蟹一肚膏，
十月冬蠘脚无毛。
十一月墨斗收烟幕，
十二月龙虾持战刀。

在这些汛期捕获的鱼类肯定又肥又当时。但在其他不是汛期的月份也会捕到同一种鱼，这种鱼可能肥也可能不肥，那么就出现了一个优先选择的问题。潮汕人经过比较，最后以俗谚的形式作了总结：新鲜是吃鱼的第一要素，第二是肥美，第三才是汛期。

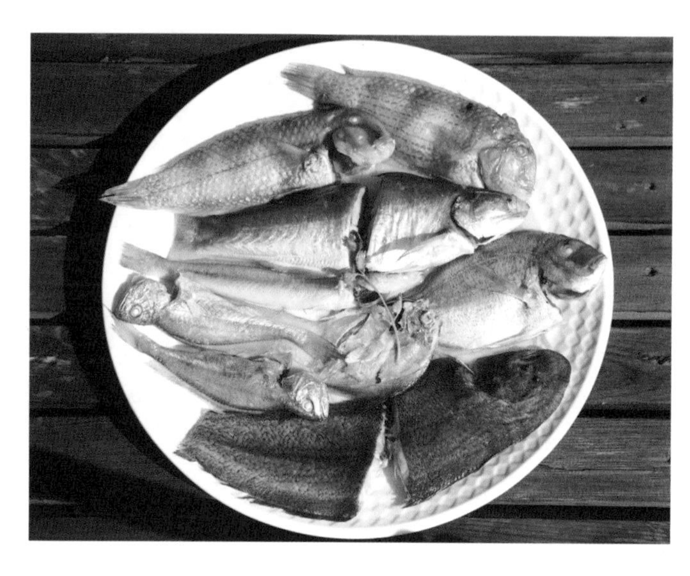

杂鱼饭

我做的杂鱼饭。近海捕获的鱼类多为杂鱼仔，品种多，但数量少。捕获后就近上市，没有经过冰冻，因而特别新鲜，是食家们的最爱。（摄影：詹畅轩）

很多时候，大排档所卖的鱼虽然品种多，但数量少，多数是潮汕人所谓的“杂鱼仔”或“抛溪仔”。一般来说，抛溪杂鱼是指用拗罾（罾网）、放莲（流刺网）或手钓等原始近海捕捞工具捕获的近海鱼类，有数量少、品种多的特点，与拖网、围网等专门瞄着单一品种大鱼群的远洋捕鱼船所获往往不同。即使是在休渔的日子里，这种原始的捕捞方式也不在禁止之列。抛溪杂鱼都是捕获后随即就近上市，没有经过冰冻，因而特别新鲜，也是食家们的最爱。

有一种可能是潮汕独有或首创的烹煮方式，叫“杂鱼鼎”。潮州话中“鼎”是指炒锅，杂鱼鼎是指用一种特制的小型炒锅煮鱼，一般是先在里面摆放好要煮的杂鱼，接着在炉灶上煮熟，然后直接端到餐桌上让客人享用，使一种器具同时兼备炊具和食器两种用途。不少大排档做杂鱼鼎时，经常将锅底的杂鱼煎至焦黄甚至焦黑，其实这样的做法是错误的。正确做法是将杂鱼用盐水腌半小时至入味，煮时应控制火候，使汤汁在将干未干之间，因为太干会黏底，不干又乏味，最佳境界是只剩下一汤匙已变稠的汤汁，冷却之后汤汁刚好被煮熟的杂鱼附着吸收。

相比起杂鱼鼎，我更喜欢用上汤来煮杂鱼。一是因为加了上汤从而增加了鱼的鲜味；二是能更好地控制火候，使鱼吃起来更加美味。一些鱼类，比如本港沙尖（多鳞鱚）和细鳞龙舌，火候刚好时肉质是脆嫩的，稍一过火即松烂下来。火候准确时鱼看上去会栩栩如生，胸鳍上翘，揀开后脊骨与肉分离但微带血丝。而用杂鱼鼎煮鱼，要控制的其实不是鱼肉的火候而是汤汁的浓度。

成兴渔舫的王文成老板曾经让我品尝过一道叫“罟鱼舱煮”的古早味杂鱼菜，吃起来也是味道十足。“罟鱼”就是“敲罟”刚捕获的杂鱼，“舱煮”则指在船舱内趁新鲜煮食。“敲罟”是旧时潮州人发明的一种捕鱼方式，即利用石首鱼类有脑石受不了敲击声的特点来捕鱼。敲罟作业虽因残害鱼类资源而于1964年被国务院明令禁止，但相关食俗“罟鱼舱煮”还是流传了下来。原来当地渔民在完成第一次敲罟作业后，要将捕获的小鱼挑出来烹煮吃掉。做法是在锅底放几片五花肉，然后放鱼和盐，如果刚好有虾蟹或贝壳也可一起放入，起锅前再撒上一些青蒜或芹菜。这种渔家菜原汁原味，光是听说或看到就知道其鲜美无比了。

在潮汕，不少鱼类都有其约定俗成的最佳做法，比如石斑鱼适宜生炊（清蒸）或煮酸梅汤，石干鱼宜焖菜脯条（萝卜干），黄墙（黄鳍鲷）最好是炊鱼饭，龙舌（舌鳎）宜煮豆酱或生炊，油带（牙带）煮青蒜、辣椒，尔仔（小鱿鱼）宜白灼，鲳鱼（银鲳或斗鲳）生炊或煮吊瓜（黄瓜），伍笋（马友）焖贡菜，三黎（斑鰶）煮酸梅咸菜，沙毛（鳗鲶）煮咸菜或菜脯，鳗堤（裸胸鳝）用梅子生炊或煮汤，青乖（河豚）煮芹菜、辣椒，红目连煮青蒜要带汤，乌尖（棱鲻）要半煎煮，凤尾鱼大尾的生炊、细尾的油炸，佃鱼（龙头鱼）煮粉丝肉臊汤，等等。所以煮杂鱼终归只是一种权宜的做法，各种鱼搭配得好虽然会产生意想不到的好滋味，但如果鱼的大小相差太大，或者将腥味很重的沙毛鱼和肉质素淡的沙尖鱼混合在一起煮，那肯定会让人失望的。

（六）益母草汤

妇科圣药益母草虽然根、茎、花、叶、实皆可入药，但作为药材用得最多的还是被称为茺蔚子的子实。记得以前还见过有卖益母草蜂蜜的，与油菜花蜜、紫云英蜜、荔枝蜜并列一起，说明书称能“清肝火，调节内分泌”。可见有些地方益母草的种植面积应该很大，会像油菜花那样漫山遍野开满了花儿，并且吸引了大批的蜜蜂前来采蜜。但那地方肯定不是潮汕，原因是潮汕人都将益母草当成蔬菜来种植，要的只是嫩苗而不是茺蔚子。2010年夏天，为了追寻潮汕人吃益母草习俗的源头，我们来到潮阳棉城东山，看见田里益母草嫩苗中间有一两畦开着红花的益母草，但当地农民解释说，那只是用来留种的。

益母草花（组图1）

到了夏天，益母草就开花了。这天，我们来到潮阳棉城东山，追寻潮汕人吃益母草习俗的源头。

潮汕人吃益母草的习俗很奇特，无论妇女还是男人、小孩都将益母草当成蔬菜来吃。在潮汕各地的菜市场上，一年四季都有鲜嫩的益母草嫩苗出售。菜贩会将一些原本只是野菜或药材的植物，比如益母草幼苗、真珠花菜（鸭脚艾）、苦刺心（三叶五加）、枸杞菜、黄麻叶等，与其他蔬菜摆放在一起供人选购，旁边往往还会放一些猪血，以方便顾客购买回家一起煮食。清晨，大街小巷的摊档也经常售卖益母草汤或真珠花菜汤让人当早餐。被国内多家媒体称为“时尚达人”的美籍画家眉毛，真名王介眉，杭州人。他对潮汕美食可以说是情有独钟，曾经一个月内两次从美国飞来汕头吃东西，还自我解嘲地说：

“不行！这个月来两次了。一定要去吃益母草！”惹得我们大家都哄堂大笑。眉毛说这话的时候其实坏得很，把自己比喻为月经不调每月来两次的妇女，以掩饰自己好食贪食的行为。但这话也透露出他很喜欢益母草汤——实际上益母草是否有奇效倒是其次，吸引人的还是那种与日常蔬菜不太一样的山野之味。

益母草苗（组图2）
被潮汕人当蔬菜吃的都是这种益母草幼苗。

益母草汤的做法通常是这样的：将嫩苗的根部去掉后洗净，再与猪肉或猪杂同煮。猪杂如猪粉（猪小肠）、“冇肺”（猪肺）等都要事先煮烂再切小块，猪肉则要挑选一些略肥或脆嫩的部位如猪颈肉、脢肉（里脊肉）、前朗肉（槽头肉）等，薄切后一焯即起。“焯”，潮州音读“捉”，指在滚汤中快速烫熟，火候控制要以刚熟为度。所以早晨到小食摊吃益母草的人，会对摊主说“焯碗益母草”或“焯碗真珠花菜”，而不会说“煮碗益母草”或“煮碗真珠花菜”。讲究点的摊主，煮的时候都会务求保持菜蔬的青翠颜色和汤水的清鲜滋味。

益母草汤（组图3）
用捣碎的花生仁和肉片煮熟的益母草汤。

相传潮汕的益母草食俗源于潮阳棉城，至今已经有200多年的历史。那里的传统吃法与汕头市区有些不同，是将益母草与捣碎后的花生仁同煮。这种类似素食的食法，闻起来油香四溢，咀嚼起来也是别有一番滋味。考虑到古代的墟集制度（一般墟期是三日一趁之），不可能随时都能买到鲜肉，我相信这是一种比煮猪肉更古老的烹调方法，因而也倾向于潮阳棉城是益母草食俗源头的说法。

2010 年，我曾被汕头电视台特邀为嘉宾，至潮阳棉城采访当地的益母草食俗。有趣的是，那里的益母草煮法已开始放弃传统走向折中主义。那天我们寻到当地一家最有名的店铺，让店主按照自己的习惯给我们每人煮一碗益母草汤来吃。店主二话没说，先将事先已经捣碎的花生与水略煮，依次再加入益母草和猪肉片。一大碗猪肉花生益母草汤很快便摆放在我们的面前，我拿出相机先拍了照片，然后尝了一口乳白色带油珠的汤水，果然兼有鱼和熊掌的美味。

（七）潮式捞面

汕头最著名的潮式捞面馆叫“爱西饺面店”，至今已有 80 余年的历史，所经营的“爱西干面”多年前就被认定为中华名小吃。“爱西干面”老店在外马路和国平路交叉口，铺面正好对着西面，每天下午都要受到西斜阳光的照射，卢姓店主无奈之下便以“爱西”自嘲。但也有人考证，说是因店铺位于汕头埠西侧或紧靠旧时的“西南通旅行社”而得名。总之那个地方位于汕头老市区，距离小公园也不远，初来汕头的，到老市区“四永一升平”一带老街逛逛，看看那些旧式骑楼，然后到国平路吃上一碗爱西干面，那种滋味倒是回味无穷的。

在上海经营大有轩精细菜的蔡昊，不时带一些客人来汕头美食游，几乎每次必到老市区并且必吃爱西干面。他说：“我带过一个汕头籍的华侨来这里，他 60 多岁了，坐下来也不讲话，一口气吃了 4 碗。”即使撇开乡情不说，爱西干面也算得上是一种很好吃的捞面。这种捞面的面条是店里自己做的，用精选面粉经多次挤压加工而成的面条又弹牙又韧滑，泡卖时先在碗底加入秘制的卤汁、芝麻酱、沙茶酱及猪膀，面条在沸水中泡熟后沥干水分倒入碗内，上面再叠放几片自制卤肉和葱花。与干面配套的还有一碗风味清汤，汤用猪骨熬成，还有肉丸、猪杂、肉片、蚝仔等多种选择，与咸菜和豆芽同煮，潮汕风味特别突出。

与爱西干面相类似的还有圆门干面店。后者在汕头市区有多家分店，店面以圆形木门为特色而得名，其出品在食家中的口碑还算不错。揭阳大平埔的干面也很出名，传闻面粉都是用鸭蛋揉成，再用竹槌多次压擀，吃起来非常有嚼头。还有一种叫“鹅肉面”的潮式捞面，做法更简单、更大众化，将捞面或干饭盛在碗里再浇上鹅卤汁即成。最出名的是外砂桥头“乌弟鹅肉面”那一家，到那里吃的人其实是冲着鹅肉去的，想吃鹅的哪个部位自己点，店里还固定煮有苦瓜排骨汤，可以用来伴卤汁面或卤汁饭。有一次我中午送客人到机场，顺路去吃鹅肉面，点了个鹅头带颈，一碗卤汁面和一碗苦瓜排骨汤，花了40多块钱，吃完差点将肚子撑破。

爱西干面（组图1）

著名的潮式捞面馆“爱西饺面店”，至今已有80余年的历史了。（摄影：何文安）

潮式捞面（组图2）

潮式捞面风味独特，搭配有一干一汤：干面要放卤肉和沙茶酱等；汤有肉丸、猪杂、肉片、蚝仔等多种选择。（摄影：何文安）

在我的眼里，以爱西干面为代表的潮式捞面是一种很典型的快餐，特别适合游客和白领作午餐。现代快餐的三大特点：快捷、价廉和标准化在潮式捞面身上表现得很突出。无论你是千万富翁还是打工仔，当你踏进干面店的时候，能够选择的差异化消费是极少的，店内的品种有限而且价格差别不大，座位和服务几乎一样。让我不解的是，80多年前，那位卢姓小贩从大埔来到汕头，是什么原因促使他经营起干面这种快餐的？还有，如果快餐真是20世纪80年代之后才从国外传入的饮食文化，那么这位卢姓小贩又是从哪里得到的启发？他又为什么要将店名称为爱西？真的仅仅是因为铺面朝西的缘故么？

（八）牛肉火锅

吃过汕头牛肉丸和牛肉火锅的人几乎都这样问："太牛了！为什么会这样好吃呢？"因为汕头的牛肉丸和牛肉火锅实在太出名太好吃了，凡外地媒体来到汕头做美食节目，牛肉几乎成为一个绕不过去的话题。

首先是牛肉不同部位的称谓。原来汕头牛肉火锅的牛肉是按不同部位出售的，有些部位的名称很古怪，比如脖仁、肥胼、龙虾须等，让人听后完全摸不着头脑。这时本能的反应是将这些不同部位的牛肉与西餐的牛排进行比较。我遇到过两家采访前对当地美食下过工夫的媒体，一家是《美食与美酒》杂志，另一家是黄丽梅和香港亚视，采访时他们都不约而同地取出事先准备的国外剖牛图，让我按图索骥，帮助指出潮汕牛肉在图中的具体位置。

牛肉火锅（组图1）

汕头的牛肉火锅突出地反映了潮菜强调本味和精细的饮食理念。（何文安摄于汕头海记牛肉店）

在欧美国家，牛肉不但按部位出售，还有一套国际通用的分级制度和分级标准。以整头牛而言，牛腰脊和肋脊一带部位的牛肉最嫩，牛肩胛和后腿的肉质次之，牛前胸和腹部的肉质较韧。这三大部分又可分解出许多不同名称的分切肉，如果用国际通用的西餐牛排术语和汕头的牛肉土名作个比较，大约肉眼牛排、筋眼牛排、西冷（前腰脊肉条）和牛柳（里脊肉条）等相当于汕头话的"吊龙"，肩胛里肌和肩胛肉条相当于"匙仁"和"匙柄"，牛腿腱肌相当于"脚趾"，牛腰脊肉侧唇相当于"吊龙伴"，牛腹部夹层肉即"肥胼"，牛骨盆的夹缝肉即"龙虾须"，等等。

诱人的牛肉（组图2）

将牛肉细分为脖仁、肥胼、吊龙伴、匙仁、胸口捞、五花趾等部位出售，是汕头牛肉火锅的一大特色。

但这只是从大处着眼，由于牛的品种和剖切方式的不同，汕头牛肉火锅常吃的一些部位在西方的剖牛图中是找不到的。比如被称为“脖仁”或“牛峰”的牛颈肉，其大理石般的油花和肥美的滋味完全可以与进口AAA级甚至Prime顶级牛肉相媲美；还有一种叫“胸口捞”的前胸脂肪，切成薄片后看上去很像黄油块，放入锅中任煮多久都不起变化，搛进口中既酥脆无渣又满口脂香；另一种叫“正五花脚趾”的牛腿腱肌，长在牛后腿接近臀的位置，一头牛只有两小块……这些部位在欧美的牛肉菜品中是没有对应的。海记牛肉店的老板甚至说过这样的话：“西餐做高级牛排的‘吊龙’（里脊肉）肉虽嫩但不肥，在我这里只能作为普通肉外卖。”

曾经有人试图将汕头牛肉火锅的经营模式复制到外地去，但都失败了。我分析后对他们说，汕头的牛肉火锅跟薄壳业一样是无法复制的。潮汕的薄壳业是基于潮汕人吃薄壳的民俗，到了外地薄壳就只能用来喂鸭子。汕头的牛肉火锅则是植根于整个的牛肉产业链，从屠宰开始，像国外或上海等大城市会对屠宰业进行管制，要求集中屠宰并对牛肉进行冷冻后才能出售。但汕头的牛屠是分散的，多数就在市区，屠宰分切后马上由专人用摩托飞车送往各牛肉店，绝对没有经过冷冻。在新溪、外砂等郊区，还有前店后屠格局的，随宰随卖，有时牛肉切上来，在盘里还会不停颤动。在牛肉的利用上，牛肉产业链表现得更为突出。像牛腿肉等部位因为较韧虽并不适合用来打火锅，却是用来打制潮汕牛肉丸的最佳原料。传奇美食潮汕牛肉丸在海内外名声显著，每天都有大量的牛肉丸销往外地，而这正好平衡了牛肉火锅业的肉料需求。

打牛肉丸

传奇美食潮汕牛肉丸在海内外名声卓著，每天都有大量的牛肉丸销往外地。（摄影：何文安）

此外，汕头牛肉火锅还有一个突出特点，那就是反映了潮菜强调本味的饮食理念。如果将汕头火锅和重庆火锅进行比较是非常有趣的，重庆火锅不但每次要加入大量滋味浓郁的牛油和极其麻辣的底料，还强调老油和汤底的作用，要将反复用过的老油汤底过滤隔渣后再加入锅中。因此重庆的火锅，实际上很像潮汕人用来卤狮头鹅的老卤钵，讲究的是浓烈的陈香。历史上汕头的牛肉火锅，也曾经将沙茶酱加进火锅中，用浓汤做锅底。后来经过不断改进和演变，沙茶酱被还原为作料，锅中只加入牛骨清汤和几块白萝卜。肉涮熟了，便由食客自己选择要蘸何种作料。常见的配套酱料除了沙茶酱，还有本地出产的咸味红辣椒酱和普宁豆酱，如果都不满意，还可以另外索要其他酱料如湖南的蒜蓉辣椒酱等。总之，汕头牛肉火锅与潮州菜的饮食理念是一脉相承的，那就是在强调本味的同时通过配套作料把调味的权利下放给食客。

（九）宵夜风光

现今汕头的宵夜店早已不是旧时的夜糜摊档所能比拟的，规模越做越大，品种越来越多，自然也越来越风光了。《美食与美酒》杂志的《潮汕至味美食专辑》，用整版刊登了商检局旁边小巷那家叫“富苑夜糜”的宵夜店照片，并用“打冷全套豪华阵容”这样的文字来说明。从照片上可以看出，这家宵夜店食物异常丰富，几乎汇集了“潮州打冷”的所有品种，仅鱼饭就有红目连（大眼鲷）鱼饭、伍笋（马友）鱼饭、迪仔（剥皮鱼）鱼饭、鲳鱼饭、红鱼（绯鲤）饭、鹦哥鱼饭、赤鲫（二长棘鲷）鱼饭、公鱼饭、那哥（蛇鲻）鱼饭等十几种，还有一些在一般食店很难见到的传统潮式食物，如青蒜焖乌鱼、酸菜炣鲫鱼、鳗鱼焖咸菜、猪肉镶苦瓜等。另有炸排骨、炸狗母鱼和香煎马鲛鱼等，卤味则有很出名的隆江猪脚、卤猪大肠、卤鹅肝、卤五花肉以及事先炸好即卤即食的腐皮和豆干等。

宵夜风光

有外地媒体用“打冷全套豪华阵容”来形容汕头“富苑夜糜”店的气派。（摄影：张无忌）

我经常光顾这类宵夜店，其实还有很多食物未能在照片中出现。第一大类是传统的夜糜，即白糜、米饭和各种杂咸。对于宵夜摊档，潮汕人的习惯叫法是“夜糜”，比如说“老姿娘夜糜”，大家就知道指的是长平路粮油商场旁边那家宵夜店。夜糜的叫法，实际上已经揭示了宵夜摊档的前生：别看现在的宵夜店气派很大，还不是由以前路边的夜糜摊档发展起来的？既然称为夜糜摊，主打生意自然是离不开售卖夜糜了。

宵夜店经营的另一大类食物是潮式小炒，包括烹煮各种鲜活杂鱼，各种新鲜蔬菜等。同样是这家“富苑夜糜”，从另一个角度看过去，排档上还摆放着小黄鱼、大斗鲳、石角鱼、三黎鱼、活血鳗、活油箸（蚓鳗）、金钱花鱼、淡甲鱼（鲬鱼）、松鱼（鳙鱼）头等很多新鲜鱼类，另外还有虾、蟹以及各种各样的时令蔬菜。品种之多，令人咋舌。客人随叫随炒，极其方便快捷。

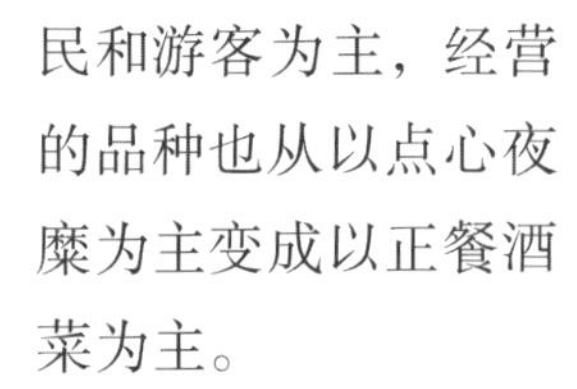

如果将“富苑夜糜”与福合埕的“阿鸿海鲜大排档”进行比较，我们不难发现，在潮式小炒这部分，“富苑夜糜”虽然比“阿鸿海鲜大排档”略为逊色，但海鲜的品种和品质已经相当接近了，所欠缺的主要还是烹饪的手艺。而这意味着，海鲜大排档的经营模式和经营理念，已经在很大程度上被宵夜摊档吸收进去了。在传统的夜糜这部分，“富苑夜糜”则远远胜出，其鱼饭的品种和档次，也早已超越了菜市场以经营巴浪鱼饭为主的熟鱼档。很明显，宵夜店的目标客户群已经由旧时的戏班（演员及观众）和夜班工人变成以有较高消费能力的市民和游客为主，经营的品种也从以点心夜糜为主变成以正餐酒菜为主。

夜糜印记

在很多人的记忆中，夜糜大概就是这个样子。（摄影：何文安）

在广州一些城市，潮州砂锅粥和潮式烧生蚝已经基本取代了当地传统的宵夜艇仔粥和炒田螺。但潮州传统菜里哪有烧生蚝啊？由此看来，植根于潮汕饮食文化的宵夜店，似乎正紧随着时代在不断变化着。

星洲夜糜

新加坡芽笼的潮州夜糜档，看起来与潮汕本土的夜糜档并无太大的区别。

二、奇异食俗

（一）虫是美味

胡朴安于1923年出版的《中华全国风俗志》记录了蝉、蔗虫、鱼生、苦菜（苦刺）、苦瓜、蜂蛹、香菜等多种潮州奇异食俗，其中对蝉是这样记述的："五、六月时，有人于树上粘捕蝉，在市呼售。人家购之炙熟，以啖小孩，谓食之能消疳积。"认为这种食蝉习俗是"潮人特异之性质，恐他地未之有也"。邹树文于1981年出版的《中国昆虫学史》，引乾隆《潮州府志》所载"潮人常取蝉，向火中微炙即啖之"，以证明"直到清代文献中还是有以蝉为食的记载"。实际上，潮汕的食蝉习俗一直流传至今，我小的时候就曾捕过、烤过和吃过蝉。烤蝉的要诀是要将蝉头拧下来，从脖子里塞进几粒盐和乌豆，这样烤熟后的蝉才有滋味。

三鞭药酒

时尚撰稿人艾杉杉指着壁架上的蛇酒和鞭酒，故意问道："那是什么酒啊，喝后有什么用呢？"（摄影：张无忌）

对于潮汕人称作蔗头龟的蔗虫，胡朴安先生则是这样记叙的："此虫寄生于蔗之根须中，冬月收获蔗时，农人取出之，形似蝉之幼虫，大如蚕茧。小儿盛以竹篮，沿街叫卖，百钱可售六七十个。用水洗净，入油煎熟，撒以盐，味香脆可口。”在清代，潮州是全国最大的蔗糖生产中心，蔗虫作为蔗糖业的副产品曾经也非常出名。张心泰在《粤游小记》中说道：“潮州蔗田接壤，蔗虫往往有之，形似蚕蛹而小，味极甘美，居人每炙以佐酒。”梁绍壬在《两般秋雨庵随笔》里甚至详细记录蔗虫的吃法：“蔗虫出土后，净洁，炊僵，晒干，抚去其足，然后以油炙之，则腹膏饱满，无上佐酒物也。”即洗净蒸熟晒干后像揉虾米一样揉去肢足，然后再油炸。这样烹制后的蔗虫满腹脂膏，滋味香脆可口，是绝佳的下酒菜。

虎头蜂酒

李时珍在《本草纲目》中也提及胡蜂子（虎头蜂蛹）的药用价值。

然而到我懂事的时候，潮汕吃蔗头龟的习俗已经消亡了。有关蔗头龟的美味虽然留有很多文字记载，比如《揭阳县志》（续志）载：“蔗虫，生蔗根中，即蔗之蠹也。似蜜蜂而无翅无刺。”有些报告则称：“形状好似蜜蜂而大近一倍。有六只足，前两足似蝼蛄（度猴）的前脚，扁大有力，能扒土挖洞，翅膀很小。”但因为缺乏实物和图片资料，后人始终无法弄清蔗头龟究竟是什么物种。再后来经过深入的研究，我才破解了蔗头龟食俗的谜团。原来蔗头龟是一种学名为突背蔗龟的蔗虫，更严格来讲是这种昆虫的虫蛹。

蔗头龟食

蔗头龟食曾经是潮州很普遍的食虫习俗，经过研究后，我认为这是一种学名为突背蔗龟的蔗虫，更严格来讲是这种昆虫的虫蛹。

对于潮汕的食蜂民俗，《中华全国风俗志》是这样记载的："蜂蛹之状，与蚕蛹相似，惟皮较柔嫩。食时自蜂房取出，以油炸之，味甚芳香。"在食虫成为时尚的今天，吃蜂蛹似乎已是一件很平常的事，不值得浪费笔墨，然而在近百年前，食蜂却是一种很奇异的民俗。因为我国唐代之前虽然也有食蜂的习俗，但之后就不再流传了，史料也不见记载。从这个意义上说，潮汕的食蜂习俗具有承上启下的作用：向上追溯是传承了中华民族三千年的食蜂传统，向下流播则为后世的食蜂时尚作出示范和启迪。

（二）鱼生诱人

鱼生曾经是古代帝王的美味珍馐，但到明清之后，这种食俗在中原地区就消失了，只有在广州和潮州少数地方留存了下来。潮州的鱼生，依然与清初广东学者屈大均在《广东新语》里记述的无异："粤俗嗜鱼生，以鲈以鳠以鳟白以黄鱼以青鲚以雪鲮以鲩为上。鲩又以白鲩为上，以初出水泼剌者，去其皮剑，洗其血腥，细脍之为片，红肌白理，轻可吹起，薄如蝉翼，两两相比，沃以老醪，和以椒芷，入口冰融，至甘旨矣。"具体做法是选用沙池少泥味的草鱼（鲩鱼），用清水吊养两天。刽鱼的要诀是先放血，即在鱼的尾部和上腹部各切一刀，待血流尽后才打鳞开腹并剥去鱼皮。接着沿脊骨取下两片鱼肉，切除鱼腹肋骨。过程如有血污只能以净布抹干，千万不能水洗，然后将取下的两片鱼肉吊挂在通风处。生意好的鱼

诱人鱼生

潮汕人吃鱼生的习俗久远普遍，清初的地方志即有记载。（摄影：张无忌）

生店，会事先做完这些工作，目的是让晾挂的鱼肉被风吹干部分水分。

客人点好鱼生盘数之后，厨师会取下鱼肉开始切片。我见过的最好的鱼生师傅是潮州庵埠市场头那家摊档的老板，切时看都不用看，唰哧唰哧切下一堆鱼肉，摆放到竹篾盘上时全部都是红肌白理、薄如蝉翼、相比相连的两片，数量也刚好是客人所要的盘数。

鱼生的配料往往有一大堆，常见的有菜脯丝、白萝卜丝、姜丝、葱丝、红辣椒丝、杨桃片、蒜片、花生末、南姜末、酱油、生油、芥末、白糖、豆仁糖、芝麻糖、米醋、梅羔酱等。潮俗还有一种叫“三渗酱”的作料，味道非常特别，集酸甜苦辣咸五味于一身，现在只用来蘸血蚶这种腥味较重的海鲜，殊不知最初是用来蘸鱼生的。原来组成三渗酱的主要材料南姜麸、梅羔酱、芝麻糖及白醋等，都是蘸鱼生最常用的配料，一般人为了试味，都喜欢将各种各样的作料和鱼生混合在一起吃，三渗酱估计就是在这种情况下无意间创制出来的。

南姜麸就是用新鲜南姜锤成的细末。潮汕人还喜欢在南姜麸中加入米醋和白糖，称为“南姜醋”，常用来蘸卤熟的五香牛羊肉或狗肉。有一句潮州俗语，叫“鱼生狗肉，天下无敌”，可见潮汕人认为鱼生和狗肉，都是天下至味。

吃鱼生的最佳季节是冬天的夜晚，这时鱼肥肉腴，寒风乍起，吊挂在通风处的鱼肉被吹干部分水分后吃起来特别脆嫩鲜美。叫上三五好友，开一瓶烈酒，吃上几盘鱼肉之后意犹未尽，让摊主再生个火炉，将鱼头和鱼腩煮番葛糜吃。这正好是旧潮歌《某家阿爷》所吟唱的情景：

半夜听见卖鱼生，
想食鱼头熬番葛。

活油甘鱼

油甘鱼学名 seriola rivoliana，中文名“黄尾鲹”。舍弃淡水的草鱼转而吃更卫生的海水鱼，是潮汕吃鱼生习俗的必然选择。(照片摄于汕头快活海鲜苑)

我读潮汕的地方史料时，发现旧汕头虽然是一处水产丰富的海港，但当年是以经营淡水的草鱼生和草鱼糜为地方饮食的最大特色。在现代，出于卫生的考虑，吃鱼生受到禁止，但这种饮食习俗在乡间还是屡禁不止。我自己吃过几次草鱼生之后就不想再吃了，主要是担心淡水鱼存在寄生虫。后来有一次快活海鲜苑的黄铁如经理请我前去品尝油甘鱼生。油甘鱼的学名 seriola rivoliana，中文名为“黄尾鲹”，俗名有“油甘”和“长鳍鰤”等，在饶平的柘林湾有一定规模的网箱养殖。油甘鱼与另一种名叫“海戾鱼”（学名为 rachycentron canadum，中文名为“海鲡”）的深海鱼在国际上都属于类金枪鱼品种，其肉质肥美有韧劲，制成的生鱼片售价要比三文鱼昂贵。以前有句潮汕俗语，叫“油甘海戾，有食无卖”，是说这两种鱼太好吃了，渔民们捕获后只用来请客或送人，舍不得拿到市场上去卖。

我认为如果坚持要吃鱼生的话，那就一定要舍弃淡水的草鱼而转吃更卫生的海水鱼。实际上能吃鱼生的海水鱼太多了，除了油甘鱼和海戾鱼、海鲈鱼、墨鱼，甚至潮汕大宗出产的巴浪鱼和花仙鱼都非常适合制作鱼生，烹制方法不会比做草鱼生更复杂，我们需要改变的只是饮食习惯而已。

（三）河豚凶猛

河豚味美却有毒，国家虽明令禁食，无奈这种食俗根深蒂固，屡禁不止。清光绪《潮阳县志》对此是这样记载的：“河豚，土人谓之乖鱼，象其形也。味甘腴，人争嗜，然间有毒，能杀人。”说来惭愧，我也像很多喜欢河豚的潮汕人一样屡屡以身犯险试味。当然“犯险”之说可能有些言重了，经常吃河豚的人，很可能一点都没有“拼死”的感觉。

河豚也美丽

河豚体内有气囊，遇到危险便会吸气膨胀。潮汕人将其称为“乖鱼”，就是挺肚鱼的意思。

2010年，我陪外地媒体的记者到达濠采访，看见市场附近路旁到处有人在卖那种叫“青乖”的河豚，一问每斤才5元钱，实在是太便宜了。后来我们经过苏州街时，在一家药铺门口看见一位中年妇女正赤脚坐在门第上用旧剪刀收拾河豚，一副悠然自得的样子。

河豚食俗

在达濠区小巷内见到的中年妇女在家门口悠闲宰杀河豚的情景。

潮汕人吃河豚，与长江流域的河豚文化是有些不同的，河豚属于那种洄游性鱼类，河豚的毒素也不像毒蛇那样与生俱来，而是在每年春天进行生殖洄游时为了保护后代通过摄食才产生的。潮汕人祖祖辈辈生活在海边，对河豚有更深的了解，他们主要是在夏秋河豚无毒或少毒的季节吃，到了“打春”多毒的季节就不吃了。相反地，长江流域的人平时没见着河豚，到了春天，看见成群的河豚游到河里来，以为是天赐的恩物，还说什么“春洲生荻芽，春岸飞杨花。河豚当是时，贵不数鱼虾”（北宋梅尧臣诗），殊不知这时河豚溯河产卵，毒性最大，是万万吃不得的。这种差异当然会产生不同的河豚文化：潮汕人吃河豚是认为这个时候的河豚无毒，煮时连肝、眼等部位都没有去掉，被当成是普通鱼类来吃，做时很讲究火候；长江流域的人吃河豚多数是抱着“拼死”的壮烈心态，将死生大权交给厨师，煮时要烧很久，以为这样能够去毒，还要让厨师试吃。

河豚嵌瓷

清代潮州屋顶嵌瓷表现的河豚和墨斗。（摄影：全南海）

当然潮汕人吃河豚还有很多讲究，比如主要是吃据说无毒的新鲜青乖（暗鳍腹刺鲀）。吃青乖最好是吃手钓的会游水的，退一步也要吃很新鲜的，因为即便有毒，新鲜的青乖体内的毒素还没来得及从有毒部位向肌肉等可食部位扩散。

至于烹饪的方法，达濠一带多将青乖与芹菜、姜丝、辣椒一起烹煮，海门一带则喜欢加入酸梅同煮，味道也很不错。我和林自然大师则讲究一些，常用鸡汤和芹菜段、辣椒丝清煮，如果火候控制得准，极其鲜嫩美味，稍老则味同嚼蜡。我们还喜欢将青乖先用盐水腌制入味，再炊成鱼饭，凉后放入冰箱，使其形成一层玻璃冻，这样吃起来最能吃出食材的本味。

还有一种据说是有微毒的沙纹乖（棕斑腹刺鲀），通常先由有经验的渔民进行加工，去除肝脏和眼睛等有毒部位后晒制成河豚干才出售。河豚干的吃法一般是与猪骨和萝卜煮成乖脯菜头汤，用猪脚和酱油香料做成卤菜也很不错，前者取其鲜，后者则取其香。

现在细想起来，吃河豚的确是需要一些勇气的，但吃不吃主要还是习俗使然。同为潮汕人，澄海、潮州一带普遍对河豚的毒性存在戒心，敢吃的人其实不多，而潮阳、惠来至海丰、陆丰一带近海的人大多嗜食。有一次，在北京做中国意境菜的大董来汕头品味，我们到海门一家餐馆吃河豚。大董不愧是大董，一筷子下去，竟然挟起了乖鱼肝！不久前我们在惠来县芦园海边还见到一种当地称为“隆胴乖”的海鱼，阔嘴大肚，皮色艳丽，看上去很像剧毒的乖鱼，但店家拍胸脯说绝对不是河豚。我小时在惠来住过，当地人将蝌蚪也称为“隆胴乖”，有大肚的意思，倒不一定就是指乖鱼。当下让店家将“隆胴乖”杀了，与菜脯（萝卜干）同煮，果然肉质洁白嫩滑，极其美味。

大董吃乖

好个大董，根本不理会“拼死吃河豚”这句话，一筷子下去，竟然挟起了乖鱼肝！

（四）煮海传说

元杂剧《沙门岛张羽煮海》，讲潮州书生张羽和龙女琼莲公主私订婚约却遭东海龙王反对，张羽在仙人的帮助下架锅煮海，终于迫使龙王答应了亲事。沙门岛孤悬于山东登州海中，与潮州相距万里，作者为什么要将主角张羽写成潮州人呢？说明潮汕人善于煮海在元代就出名了。

招收盐场

南宋诗人王安中有诗句："万灶晨烟熬白雪，一川秋穗割黄云。"写清晨经过濠江畔的招收盐场时看到的景象。（摄影：郑永耿）

现在潮汕海边的大部分地方，在古代分属于小江、招收和隆井三大盐场。在明代以前，将海水放入盐田自然蒸晒的制盐法还未曾发明，潮盐的生产全部采用熟法，即起灶煮海水为盐。南宋诗人王安中有一天清晨经过濠江畔的招收盐场，被潮汕人煮海的壮丽情景所震撼，写下了这样的诗句：

火轮升处路初分，
雷鼓翻翻脚底闻。
万灶晨烟熬白雪，
一川秋穗割黄云。

1959年文物部门在濠江边河浦发现了大片的宋代盐灶遗址，可证诗人所记不虚。澄海区盐鸿镇，由盐灶和鸿沟两个乡里合并而成，那个地方在宋代属于小江盐场，盐灶之名，也应是古代煮盐遗留下来的。另据民间传说，盐灶村得名是在清

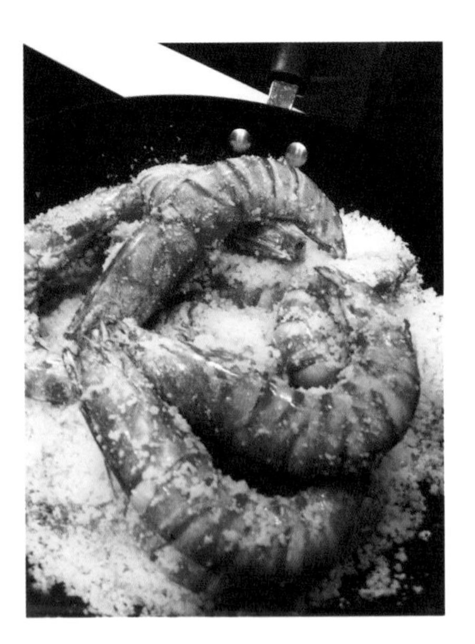

盐焗大虾

潮州人善于煮海制盐在古代就出了名，到了现代，则以烹制海鲜最出名。

雍正五年（1727），当地村民李嵩德中进士后晋见皇帝，说家乡村民多垒灶煮盐为生，这才得到了钦赐。20 世纪 70 年代初，那个地方搞围海造田，弄了个面积达几万亩的澄饶联围，将大片海滩包括当地特产盐灶大蚝都围没了。幸好老祖宗传下来的煮海本事还没忘净，于是以打薄壳米和煮巴浪鱼饭为营生，其煮海技艺照样远近闻名。

潮州的盐出产多了，就有两种跟盐有关的重要食物必须提及。第一种是咸鱼。毛泽东同志于 1930 年写过一篇名为《寻乌调查》的长篇调查报告，里面这样说："咸鱼第一大门。桂花鱼、青鳞子、海乌头、海鲈、剥皮鱼、石头鱼、金瓜子、黄鱼、金线鱼、圆鲫子、大眼鲢、拿尾子（身大尾小）、鞋底鱼（即'并背罗食使'，仅一侧有眼睛，要两鱼并走才能觅食，故普遍指人互相倚靠做事谓之'并背罗食使'，就是拿了这种鱼作比喻的）、角鱼子（头上有两个角），都是咸鱼类，一概从潮汕来。"

煮海炉火

汕头大排档夜晚的炉火，经常一烧就烧到将近天亮。（摄影：马卡）

报告中提到的这些咸鱼，除黄鱼已经绝迹之外，现今多数仍属于常见低值鱼类，如青鳞子可能是青棕带鱼，剥皮鱼即迪仔，金瓜子可能是春只，金线鱼即钓鲤，圆鲫子应是月鲫（刺鲳），大眼鲢即红目鲢，拿尾子可能是鸡腿鱼，鞋底鱼应指粗鳞的舌鳎鱼，角鱼子又称红角鱼。潮汕的咸鱼，比较高档的有伍笋（马友）、马鲛（蓝点马鲅）、黄鱼、鳓鱼（曹白）和鲳鱼（乌鲳）等品种，细分又有霉香和实肉的差别。霉香是在加盐腌制前和腌制过程中故意让鱼轻度发酵变质，使成品咸鱼肉质松化，产生奇香异味，俗谓"肉腐"；实肉是以新鲜鱼类腌制，成品咸鱼肉质结实，咸鲜耐嚼。这两种风味的咸鱼虽然各有特点，但霉香咸鱼因其制作考究，味道香浓独特，相比之下似乎更加出名。煎霉香咸鱼的时候，有时隔着一两条街都能闻到那种独特的香味。

第二种是鱼露。鱼露是潮州菜和东南亚菜最重要的调味品之一，又称鱼酱油，以较低值的鱼类和食盐经发酵而成。有关鱼露的来源一直众说纷纭，2010年12月初，我到香港理工大学参加“潮汕文化与现代化”研讨会期间，还有听众向我提出这个问题。当时韩山师范学院的林伦伦院长帮忙解释说：“鱼露是潮汕首创的应无疑问，潮汕话不叫鱼露叫腂汤。”真是一语道破天机！潮州人讲炒芥蓝菜和煎蚝烙的要诀时最常说的俗语正是“厚朥猛火芳腂汤”，虽然现在潮汕话中腂汤和鱼露并用，但鱼露之名，更多是用于书面语，主要是为了方便对外交流。

从生产工艺来看，腌制咸鱼时排出的鱼汁应当可以看成是腂汤或鱼露，换句话说，最早的鱼露其实是腌制咸鱼的副产品。还有一种可能，潮汕人很喜欢吃的醢（俗字多写成“鲑”字）类，比如“厚尔醢”、“虾苗醢”等，腌制过程稍微发酵，也会产生一种副产品“醢汁”，同样可以看成是原始的鱼露。相传专业的鱼露作坊清代中叶已经在澄海县出现了。汕头开埠后，有一家叫李成兴的鱼露厂，出产的“翡翠牌”鱼露开始行销海内外。1956年公私合营的时候，将当时汕头剩下的10家私营小厂、9家个体户、10户鱼水商和4家零售店合并成为后来的地方国营汕头鱼露厂。该厂设于汕头西北郊的光华埠，据说建有容量居全国之冠达6 000吨的腌制仓，最高年产鱼露1万多吨。我很多年前去过该厂，记得老远就能闻到很浓烈的臭鱼腥味。

腂汤菜

我用芥蓝茎腌制的腂汤（鱼露）菜，一看就知道很好吃。

我一直有开设餐馆的想法，连店名都想好了，就叫“煮海”或“煮海传说”。到时我会在店里最显眼的地方挂放一个鲎壳或一只鲎鱼标本，同时请一位画家将张羽煮海的故事画出来挂上去。我要用鲎鱼的躯壳和张羽的传奇故事让每一位到店里用餐的人都知道，潮州人是善于煮海的。历史上潮州族群选择了海洋，用盐和海鲜让世人品尝到潮州菜系独特的味道。我们要感谢这种恩赐，保护好海洋和海鲜，让煮海的传说永远流传下去。

（五）苦瓜美德

胡朴安《中华全国风俗志》记录潮州七种特异食俗时，对苦瓜是这样记载的：“一名菩达，又名赖葡萄，又名锦荔。其最奇之名，曰君子菜。盖因其味苦，但与猪肉共煮，则变其苦味，一似君子刻己而不苦人，故有君子之名。潮人甚嗜食之。”潮州人嗜食苦瓜而被当作奇俗，说明在当时全国范围内苦瓜仍然不是一种日常食用的蔬菜。

苦瓜在明初的时候就传到了中国，但在很长的时间内主要是被当作药用植物来利用。包括《本草纲目》在内的很多中医典籍都认为苦瓜味苦性寒，有除邪热、解疲劳、清心明目、益气壮阳的功效。苦瓜还有个重要特性，本身虽苦，但与别的东西同煮时不会把苦味渗入别的配料中，所以有“君子菜”的美称。

将苦瓜自苦而不以苦人的禀性比喻为君子的美德，实际是古人对苦瓜烹调实践的理论总结。潮州人进一步发现，如果将苦瓜与猪肉共煮，不但猪肉不会苦，苦瓜本身也不苦或少苦了，甚至吃起来十分清甘，这就是至少已经流传上百年的潮菜名肴猪肉苦瓜煲。虽然苦瓜有很多种烹饪方法，但胡朴安原话的意思主要还是指猪肉苦瓜煲这道菜。

猪肉苦瓜煲的具体做法是：选成熟泛白的苦瓜 2 条，去内瓤及瓜子，切成两指宽的条块，与五花猪肉共煮至烂。林自然大师对这道菜进行了较大的改进：一是苦瓜去瓤后切成 6 厘米长的大块并用稀薄苏打水焯去苦涩味；二是五花猪肉切成大块的菱形并加入猪筒骨汤和蒜头，然后用竹片垫底，慢火煨 3 个小时，调味后改用中火收汁，一边将逐渐变稠的汤汁舀出淋在苦瓜上，上菜时拌生抽蘸五花肉。这样苦瓜吃起来特别甘润可口，猪肉一点都不肥腻，被食客公认为是潮式苦瓜菜肴的新经典。

一旦掌握了苦瓜的特点，便可以做出很多其他的菜肴。比如家常的可以做成苦瓜排骨汤，煮时加入黄豆，临熟时加入咸菜或豆豉，都会出现意想不到的鲜味。如果怕苦还可以先将苦瓜焯水去除苦涩，总之有各种各样的改进方法。如苦瓜乌鸡汤、苦瓜肉蟹汤、清炒苦瓜、苦瓜炒蛋、凉拌苦瓜、蜜汁苦瓜等，也都是很常见的苦瓜菜。一些大排档也有用苦瓜镶猪肉的，将整条苦瓜的内瓤都挖去，塞入调过味的猪肉碎，上笼蒸熟后放凉，上菜时才切块蒸热。汕头老市区福合埕的阿鸿海鲜大排档，有一道魟鱼苦瓜汤，苦瓜切成薄片，煮熟后翠绿翠绿的，还加了五花肉和香豉，吃起来很是鲜美。魟鱼古称蒲鱼，韩愈《初南食贻元十八协律》诗中就说："蒲鱼尾如蛇，口眼不相营。"意思是魟鱼长着跟蛇一样的尾巴，口和眼各自长在头的下面和上面。

苦瓜车白汤

原料：苦瓜2条约500克、车白300克、排骨250克。

配料：味精2克、精盐5克。

制法：

(1) 将苦瓜洗净去内瓤后切成10厘米长块，排骨过水，一起放入砂锅内慢火焖炖至烂；

(2) 车白洗净后另锅加水煮至贝壳张开，捞出后放入苦瓜煲中略煮，加味精和盐调味即成。

苦瓜车白汤

在流传上百年的潮菜名肴猪肉苦瓜煲里面再加入车白（蛤蜊），又会是什么滋味呢？

有人还送过我两瓶苦瓜酒，瓶口小而苦瓜却大，我研究了老半天，认为应该是嫩瓜时就给套上了酒瓶，苦瓜长大成熟后才用白酒浸泡。苦瓜酒这种创意是很好的，苦瓜全身是宝，有能降血糖的植物胰岛素，能抗肿瘤的苦瓜素，还有能够减肥和增强免疫功能的多种其他成分，将它们溶解在酒里，不但有益身体，还能引出很多话题。

香菜心

香菜生食曾被当成潮州人特有的奇俗。

还有一种称为香菜的食物，胡朴安在书中这样记述："香菜一名香花菜，其嫩叶可包饭（内和杂香）生食。"香菜现代称为生菜，属于叶用莴笋（茎用莴笋俗称香菜心），现在全国各地均已广泛种植食用，是打火锅常用的菜蔬，早已称不上“特异”。只是由潮州人首创的生菜龙虾、生菜包翅至今仍屡在筵席中出现，大家只要知道有这回事就行了。

（六）甜食恋歌

潮州人的甜食大致分为两大类：一类是正餐享用的甜品，比如甜番薯芋、金瓜芋泥等；另一类是茶配（茶食）点心，如贵屿膀饼和龙湖酥糖等。这些甜食品种多至难以计数，从昂贵的冰糖燕窝到普普通通的糯米糖糜，从专供拜神祭祖重达几十斤的整粿罾（笼屉）甜粿到细小的束砂（糖皮花生），无不体现出潮州人对甜食的深切爱恋，也让人很难理解生活在粤东海边的这个族群为什么那么喜欢甜食。

以甜品来说，潮俗喜庆筵席一般要上头尾两道甜菜，俗称“头甜尾甜”，寓意是从头甜到尾。一般筵席也多有甜品，最常见的是甜番薯芋，可分为羔烧和反沙两种。羔烧又称拔丝，原料要先用糖腌至入味，煮时糖浆的火候较浅，呈透明色即可装盘；反沙又称挂霜，原料不用糖腌但通常会先油炸去除水分，糖浆的火候较深，待煮至起大泡（称为成甘）后将锅端离火位，与物料同搅至糖变白色即成。用这两种烹饪技法，加上不同的原料材质，可以制作出一系列的甜食，比如羔烧白果、羔烧姜薯、反沙薯芋、反沙莲子等。著名的仙城束砂，从烹饪特点看也可当成是反沙花生。

甜橄榄

这是我在一次宴会尾声中吃到的甜食，做法是将青橄榄锤破后加入糖浆、白芝麻和芫荽。

“无可奈何舂甜粿”，是清代与潮汕海外移民有关的一句食谚。说的是那时的潮汕人迫于生计，抛妻别子，背井离乡出洋过番，临行前舂米糈炊甜粿，为搭船准备干粮的往事。这甜粿是用糯米粉和红糖蒸成，极耐贮藏，即使表面长霉，用水冲洗或用湿布抹净后仍可食用。如果条件许可，切成两三指宽的薄块，沾上蛋浆，在热锅里油煎，那种甜香软糯还真令人难以忘怀！

潮汕的茶配又可细分成饼食和凉果两类。几乎每县每乡都有不同特色的传统产品，驰名的品种有老婆饼、腐乳饼，以地方特产论，较出名的有达濠米润、仙城束砂（糖皮花生）、膀饼、束砂、明糖等；贵屿膀饼、棉湖冬瓜丁、龙湖酥糖等。关于潮汕茶配，后面我们还将专题谈及。

兰花根

用糯米粉和白糖等做成的民俗食品，质脆酥香如旺旺雪饼，可当零食也可祭祀。（摄影：何文安）

几乎大部分的潮汕甜食都与民间习俗有关。有一首叫《头日》的潮汕民谣这样唱道：

头日糖葱甜（好食），
二日竹枝连（挨打），
三日走去店（躲避），
四日寻唔见（出走）。

讲的是旧时学童入读私塾的遭遇。那时入学第一天拜孔子像的供品，用的就是糖葱。潮州的糖葱从明代开始就已经名扬天下，当时任潮州知府的郭子章在《潮中杂记》中说："潮之糖葱，极白极松，绝无渣滓。"清初屈大均在《广东新语》中也有类似说法。

甜莲藕

甜莲藕又叫"糯米酿藕"，清宫的《江南节次照常膳底档》中有记载，可能是清代从苏州传入的甜食。

潮俗无论孩子升学或"出花园"（成人礼）、娶亲或生日等喜庆日子，多有煮食甜豆干的习俗。具体做法是将豆干用油煎赤，再加乌糖青葱同煮。寓意是豆干像金印有官气，乌糖象征甜蜜，青葱表示聪慧。

还有一种被称为"甜丸卵"的

迎客食物。凡贵客、稀客到来，如官员贵宾或亲家、新婿到来，潮俗必煮甜糯米汤丸加鸡蛋敬客，称食甜丸卵，有怕客人肚子饿和祝愿一切顺当两层意思。有时客人要离开时，主人还会继续煮甜丸卵给客人吃，真是异常热情。还有一种称为“五果汤”的保健食物，用桂圆、白果、莲子、薏米、百合煮成甜汤，据说有补中益气健脾的作用。在潮阳等一些地方，五果汤是春节最常见的民俗食物，凡亲戚或客人来了都是招待吃五果汤。最有意思的是一种叫糯米糍的甜食，用糯米粉和糖水揉团后蒸熟，软糯软糯的，吃时要沾拌麻豆沙才不会黏在一起。麻豆沙即用芝麻、花生仁和白砂糖制成的粉末。这种又甜又香的小吃，还有一种重要的民俗意义，就是在农历十月十五日五谷母生（稷神的诞日）和农历十二月二十四日老爷（众神）上天述职的大日子，将它作为供品来祭拜众神，让他们吃后黏口，向玉帝汇报凡间世事时口齿不清。

实际上，潮州人之所以如此喜欢甜食，是与潮州历史上盛产蔗糖有一定关系的。有清一代，潮糖曾经垄断国内糖业上百年，供应整个江南和北方多个省份。史料记载，清初因三藩之乱，江南“糖价骤贵”；平定三藩后，“广糖大至”，价格才回落。《揭阳县续志》说白糖“棉湖所出者白而香，江苏人重之”，又称“江南染丝必需”。在乾隆一朝，潮糖大约占嘉兴乍浦入口糖的2/3。即使到20世纪40年代初，潮糖仍然占上海市场的七成以上。另一方面，历史上蔗糖曾经非常昂贵，用它做成甜食供品，无论是用于日常的饮食还是祭祀神明，都是一种人神共喜的食物。所以潮俗才会用冰糖来炖燕窝和鱼胶，用白糖或乌糖做成各式各

糖房巷

依稀还能看得出昔日繁华留下的甜蜜烙印。

样的粿品和甜食来供奉神明祖先和自己享用。

（七）美味谣谚

很多人都觉得不可理解，潮州菜不过是一种地方性的风味菜种，是如何获得世界性声誉的呢？这个问题以前我也无法很好地回答，但通过对美味谣谚的搜集和研究，我认为已经找到答案了，那就是潮汕有非常深厚的饮食文化。饮食文化有着比风味菜肴更深更广的含义，如果将潮汕的饮食文化比喻为海洋，那么潮菜只不过是漂浮在上面的冰山一角罢了。但是潮汕的饮食文化有一个很突出的特点，就是饮食著述文献数量极少，但与美味有关的俗谚歌谣异常丰富。有关潮菜美食的民谣谚语，就像一张张隐蔽的大嘴，不仅仅在潮汕人的一日三餐，而且在日常生活的各个层面上，都会突然张口吐声，唤醒潮汕人族群内心深处的集体记忆。这种情形使潮汕人看上去个个都像是精通饮食的美食家。举例来说吧：

肚饱想找巧——语义与“饱暖思淫欲”很相近，是说一旦得到温饱，就想找些乖巧的事情来做，想着如何吃喝玩乐或如何去拈花惹草。

烧糜损咸菜，雅嬷损儿婿——俗语的前半部分是说，太热太烫的稀饭，因为不能一口吃下去，必定会多损耗下饭的咸菜；后半部分是说，生雅（潮汕话中女孩子长得很漂亮的意思）的老婆往往会引起她的男人纵欲而损害健康。

潮州炒面

潮州炒面又称潮州糖醋面，上桌时一定要配上粉状白糖和浙醋。（照片提供：厦门嘉和潮苑大酒楼）

慭过食炒面——借美味可口的潮州炒面来讽刺对性趣太过强烈的人。潮州炒面又称潮州糖醋面，上桌时一定要配上粉状白糖和浙醋。在咸炒面中加入白糖，吃起来咸中带甜，特别爽口。旧时吃潮州炒面最有名的去处是在湘子桥上。有俗语这样说：“大街看亭字，桥顶食炒面，爬上东门楼，再入开元寺。”亭字指潮州城内石牌坊的刻字，桥指位列中国四大历史名桥的湘子桥，旧时桥墩上面盖有可做生意的桥屋。将炒面和牌坊街、湘子桥、东门城楼与开元寺这些人文景观相提并论，足见炒面在潮州人心目中的烜赫地位。

菜头粿热单畔——煎菜头粿（萝卜糕）的最高境界是单面煎，使油煎的一面脆香酥芳，另一面则保留菜头清香鲜嫩的原味。此俗语也用来指代做事一相情愿或单相思。

大鼎未滚，鼎仔先呛——大人还没拿定主意，小孩子就七嘴八舌地讨论了。

枵鸡畏箠，枵人无面皮——觅食的鸡哪怕再饿都会害怕驱赶它们的竹枝，饥饿的人为了食物，却能够不要脸面，不顾廉耻，连禽兽都不如。

薦鱼无薦脯，薦禾埠无薦姹嬷——鱼干不会像鱼那样容易腐败，只有没人要的男人，女人要比男人幸运不会没人要。

灰金瓻看作明糖瓮——用灰金瓻比喻白骨，明糖比喻美色，俗语的意思是不能将白骨当成美色。这是讲食色关系的警句了。

正月仔婿，二月韭菜——新年头、旧年尾正是女婿（仔婿）孝敬长辈的时候，就像二月的春韭一样正合时。

七月半鸭，毋知死活——农历七月半是鸭季的尾声，到这个时候鸭子们还在叽叽喳喳地聒噪，简直是不知死活！俗语还用来形容自以为是，夸夸其谈，不明危险与厉害的人。

识字掠无蟛蜞——传说清代海禁时贴出告示，识字的怕犯法都不敢逾越，反倒是不识字的渔民照样越界捕掠蟛蜞等鱼虾蟹，从而渡过了难关。因此俗语的意思是说，循规蹈矩，照章办事，反而可能干不好事情。

寒乌热鲈——是说冬天的乌鱼（鲻鱼）、夏天的鲈鱼最合时令。这句话潮州人经常挂在嘴边，个个知道夏天的乌鱼最瘦不好吃。类似的俗谚还有："六月乌鱼存支嘴，苦瓜上市鳓鱼肥。"

六月鲤姑，七月和尚——农历六月的鲤鱼最肥美，七月的和尚因为中元节施孤普度，多做法事多吃斋菜因而也发福了。类似的俗谚还有："六月苋菜，猪母也勿"，"六月鲫鱼存支刺"，"六月薄壳——假大头"，"六月芫荽——假芹"。

老水鸡倒旋——潮州人将青蛙称为水鸡，有经验的老水鸡，人未

走近已跳进水里，让人以为早已逃之夭夭。其实老水鸡就像经验丰富的老江湖，知道“越近危险越安全”，十有八九会潜回脚下的田埂。而有经验的捕捉者这时会俯身一摸，一把将它们抓住。俗语常用来形容躲避危险的智慧与技巧。

拍紫菜

俗语“浪险过拍紫菜”源于对采紫菜这种危险作业的写照。

蛤婆好食无在路上跳——癞蛤蟆这种东西要是能吃早就让人给抓走了，哪里容得它们在路上活蹦乱跳。

食蠘试身份——蠘即梭子蟹。潮汕人对腌咸蠘有一种不可救药的嗜好，但胃力稍差的吃后准会拉肚子。俗语告诫人们做事要量力而行。

公鱼细细也有鳔——用公鱼虽小但五脏俱全来比喻某些人虽然地位卑微却志气未泯，绝不甘愿任人欺凌。

清明食叶，端午食药——潮汕当地的风俗是，清明时节要吃朴子树叶做成的朴子粿，端午节则要吃驱虫良药“圣甘枳”。用药物来应对夏至阴阳消长的恶劣气候以达到避祸消灾的目的。

做戏神仙老虎鬼，做桌靠粉水——以戏曲需要神仙老虎鬼等传奇情节为例证，指出勾芡在做菜中的重要作用。

艰苦做，快活食——表面看来是“勤奋工作，轻松吃食”，深层意思是要快乐地享受人生。

浪险过拍紫菜——野生紫菜只生长在风浪较大的岩礁上面，而且只在冬季冷天才出现。拍紫菜即采紫菜，是极危险的工作，礁石下面多是惊涛骇浪，随时会掉落丧命。这种生产民俗流传至今，最终演变成俗语“浪险过拍紫菜”。

至于潮汕民谣，也称为潮歌或畲歌，因为来自村野，反映的是民间的风俗和心声，可以说是一种天籁之音。有一首畲歌是这样唱的：

畲歌畲嘻嘻，
我有畲歌一簸箕。
一千八百哩来斗，
一百八十勿磨边。

说明旧时这类歌谣数量很多。我曾经对潮汕民谣做过一些研究，文章汇成《美味民谣》专辑附在《潮菜天下》中，读者有兴趣可找来参考。限于篇幅，这里只举《天顶》这首与食物有关的潮汕民谣：

天顶一粒星，
娶着雅嬷（妻）又后生，
三顿食饭免物配，
一头看嬷一头叉。

（八）嗜茶如命

“民国”初期出版的《清稗类钞》中有一个关于潮州茶痴的故事，原文标题叫“某富翁嗜工夫茶”。说古时潮州有一位富翁很喜欢喝工夫茶。一天，有位乞丐在门外向他讨茶喝。富翁觉得好笑，说：“你身为乞丐，也懂茶吗?”乞丐说：“我以前也是富人，因喝茶才破产的。”富翁于是泡了一杯茶给他，乞丐饮后说道：“茶是不错，但味不够醇厚，这是茶壶太新造成的。我有一个好壶，以前常用，现在仍随身带着，虽然饥寒交迫，仍然舍不得割爱。”富翁让他拿出来看看，只见茶壶做工精细，色泽黝黑，揭开盖则有清冽香气溢出。富翁爱不释手，用来泡茶，果然茶味清醇，大异平常，于是想跟乞丐购买。乞丐说：“可以，但不能整个壶都卖给你。这个壶实际值3 000金，我卖一半给你，你给我 1 500 金，我回去安置好妻儿。今后有空还可过来与你食茶清谈，共同享用此壶。怎么样?”富翁欣然同意，乞丐取金而去。以后果然每日都到富翁家，品茶谈天，就像多年的老朋友一样。

乞丐的这个茶壶，虽然看上去“洵精绝，色黝然”，但因为没有名家的题字，估计还不是最好的茶壶。工夫茶壶的等级，依次是“一无名，二思亭，三逸公，四孟臣”，均是历代制壶名匠所造。

嗜茶之人之所以如此追求好的茶壶，主要是因为陶制茶壶被认为能够吸纳茶叶的精华。经过岁月的冲浇，茶壶里面会慢慢长出一层黑褐色的茶锈或茶垢，这层茶锈又称“茶乳”或“茶渣”，是一种很宝贵的东西。一旦壶内长满这种茶渣，那就成了传说中的宝物“无米壶”，即使偶尔不加茶叶仍能泡出芳香四溢的茶汤来。但我所见过的那些花了好几年工夫，“喂养”过百数十斤好茶的茶壶，至多也只能形成薄薄的一小层茶渣而已。

单丛茶树

凤凰单丛茶树多为乔木或半乔木型，树干粗大，上百年树龄的茶树比比皆是。（摄影：黄松书）

有一句潮汕俗语，叫“假力洗茶渣”。“力”潮汕话又叫“力落”，是勤快的意思。俗语说的是，不懂茶事的鲁莽下人，无意间做出了无法弥补的错事，竟然将茶壶内的茶渣洗涮掉了！常用来形容弄巧成拙，想做好事但结果适得其反。

1979年版的《辞源》虽然将“工夫茶”称为“广东潮州地方品茶的一种风尚”，但其实工夫茶流传的区域远不止潮汕，闽南、闽北和台湾的乌龙茶产区也都嗜饮工夫茶，只不过痴迷程度不及潮州人而已，对工夫茶的讲究也没有潮州人多。举例来说，工夫茶的名称和这种品饮技艺的定形，都发生在潮州韩江的六篷船上。大约在乾嘉之交，当时担任兴宁典史的俞蛟在《潮嘉风月》中记载说：“工夫茶，烹治之法，本诸陆羽《茶经》，而器具更为精致。……用细炭煮至初沸，投闽茶于壶内冲之，盖定复遍浇其上，然后斟而细呷之。气味芳烈，较嚼梅花更为清绝。”

在此之前，漳州《龙溪县志》虽然也提到当地跟工夫茶很接近的品茶习俗，说：“近则远购武夷茶，以五月至则斗茶。必以大彬之罐，必以若琛之杯，必以大壮之炉，扇必以管溪之蒲，盛必以长竹之筐。”但仔细一想，工夫茶壶采用“大彬之罐”是有一些问题的。大彬为晚明江苏宜兴最负盛名的紫砂大师，他所制的茶壶虽然在潮汕和闽南偶有出土，但形制较大，并不太适合泡饮工夫茶。当然，我们也可以将其看成是工夫茶草创之初的过渡性器皿。

关于工夫茶的品饮程式，我自小听过的说法是这样的：“烧杯热罐，危冲低斟，刮沫淋罐，关公巡城，韩信点兵。”创造这些程式并非故弄玄虚，以其中的“关公巡城”和“韩信点兵”来说，目的是为了使各杯茶能够同色同量同味，并且不残留茶汤在壶内以免引起涩味。如果不使用台湾人发明的所谓公道杯，你要达到这个目的，就非用上这些程式不可。只是茶汤经过公道杯这道环节之后，温度大降，香味减弱，无法依次品味茶韵的变化，因而潮汕人大多不愿使用。到2011年8月，由被戏称为“茶痴”的郑文锂等人起草的《潮汕工夫茶》广东省地方标准正式公布实施，首次将“关公巡城”和“韩信点兵”作为潮汕工夫茶的冲泡规范确定下来，也算是让潮汕工夫茶这一流传久远的正宗泡茶技艺正式认祖归宗。

茶痴郑文锂

从爱喝茶到研究茶，由他起草的《潮汕工夫茶》，首次将“关公巡城”和“韩信点兵”作为地方泡茶程式标准确定下来。（摄影：张无忌）

潮汕人嗜茶如命，是因为工夫茶已经融入他们生活中的各个角落。潮汕人从来不会跟日本人那样将品茶当成是一种严肃的宗教仪式，对于潮汕人来说，品茶好像是随时随地打开后就能收看的电视，而不是必须到电影院才能观看的电影。对此已故著名作家秦牧在《敝乡茶事甲天下》一文中是这样写的：“在汕头，常见有小作坊、小卖摊的劳动者在路边泡工夫茶，农民工余时常几个人围着喝工夫茶，甚至上山挑果子的农民，在路亭休息时也有端出水壶茶具烧水泡茶的。从前潮州市里，尽管井水、自来水供应不缺，却有小贩在专门贩卖冲茶的山水。有一次我们到汕头看戏，招待者在台前居然也用小泥炉以炭生火烧水，泡茶请我们喝，这使我觉得太不习惯也怪不好意思了。那里托人办事，送的礼品往往也就是茶。茶叶店里，买茶叶竟然有以'一泡'（一两的四分之一）为单位的，这更是举国所无的趣事。"

喝工夫茶

喝茶是潮汕人日常生活的一部分。（韩志光1958年摄于陆丰县碣石，照片被广东美术馆收藏）

三、与神同桌

（一）食桌礼记

《礼记》说：“夫礼之初，始诸饮食。”意思是礼是以向鬼神敬献食物开始的。食桌，作为潮汕人族群的一种仪式性的进餐，展示的正是这样一种礼记：它要求聚集在一起共食的人都要接受本族群的道德规范和风俗习惯，遵循一定的礼仪和承担一定的义务，并且彼此之间要表现出友善和关心。在食桌的过程中，礼仪是主宾双方必须共同遵守的中心法则，具体而言就是双方要坚持律己和敬人。

祝寿筵席

潮汕人以60岁（虚龄）生日为“大寿”，多要做桌请人。宾客赴宴多备有贺礼，主人则要回赠糖饼。（黄伟雄摄于汕头市潮南区两英镇）

对宾客来说，衣冠整洁、语言得体是最基本的要求。旧时潮汕人要去赴桌，都会精心打扮，头发梳得整整齐齐，穿上新衣或家里最好的衣服。如果一个人将衣着仪态收拾得很光鲜，路上遇到熟人多半会问他是不是要去食桌。还有一句叫“食桌讲好话”的俗语，经常用来教育小孩和提醒大人，以免他们口无遮拦，说出类似鲁迅写过的“这个孩子将来是要死的”那样的胡话，被人用棍打走。

潮汕人对食桌有种种讲究，这些讲究名目繁多，礼仪错综复杂。大致而言，宴席可以分为红（喜）、白（丧）两大类，如按办桌的目的分，则有新人（婚）桌、寿桌、花园（成人礼）桌、丁（生男孩）桌、入厝（新房落成）桌等。“白事桌”指办理丧事的筵席，揭阳有一种叫“走马桌”的，在灵堂一侧设有餐桌茶水，客人吊唁拜祭后会被留请至一旁喝茶，凑齐 8 人后主人便让厨师开席。外婆 90 多岁过世时我跟父母回去奔丧，就吃过这种白桌。记得用的是未上油漆的白胚八仙桌和白胚竹筷，不上酒，菜没有定数，一道一道上，客人说够了即停止。同桌宾客不管认识与否，随到随吃，吃完走人，桌面收拾干净后又宴请下一批吊唁客人。

蜜汁寿桃粿

寿宴的头道菜往往是寿桃粿，有用仙桃祝寿之意。（詹畅轩摄于汕头大林苑酒家）

有关食桌的讲究，最集中体现在“安席”上面。安席就是按照各人辈分大小、职位高低、身份贵贱、年龄长幼、宴会性质等来安排筵席座次的礼仪。举例来说，如果举行的是“仔婿桌”，则女婿辈分虽低于岳父母，但因为他是宴会的主角，主席的位置便要由他来坐。按潮俗男女结婚之后，岳家会择日宴请女婿，俗称“请新仔婿”或“做仔婿桌”。只有经过这种宴请，女婿日后才会参与岳家的“白”事。

宴会主席的座位，潮汕人称为“大位”。这“大位”也就是宴会的“桌长”，他不动筷，就没人敢搛菜；不举杯，就没人敢喝酒；不起身，就没人敢离桌。有个关于戆仔婿食桌的民间故事，流传很广。说一位傻女婿要去吃“仔婿桌”，妻子怕他在众人面前出丑，便跟夫君说定，暗中用一根纱线绑在夫君的脚上，一头拉进厨房，约好她每拉动一下就搛一次菜。原来按潮俗儿媳辈是不能上桌的，只能待在厨房里帮厨师干下手活。等到宴会结束，才与厨师帮工一起“食桌脚”，也就是吃宴会的残菜剩酒（实际还是留有一些菜肴的）。不想筵席中途一只母鸡经过时缠上了纱线，母鸡不断挣扎拉线，傻仔婿便不断搛菜。于是就出现了一个很怪异的场面：所有的人都跟着傻仔婿搛菜，搛得满碗满盘，然后，大家面面相觑，接着哄堂大笑。

吃“仔婿桌”时岳家长辈一般都回避，以免尴尬。席间遇有辈分大于女婿的亲朋，酒过三巡之后女婿要离座让位以示知礼，当然只是礼节性谦让而已。“仔婿桌”的菜式要有“头尾甜”两道甜菜，还要有全鸡和全鱼两道染成红色的陈设菜（也有用瓜果做成红色食雕的），以示喜庆。另据揭阳名士孙淑彦《潮汕“食桌礼仪”漫谈》所记，女婿通常都要给厨师发红包，有些乡镇还会在女婿面前摆上盛得高高的干饭两碗，在筵席结束之前，女婿仅食其中一碗的一两口，然后说：“剩给阿舅（即内兄弟）买田买地。”于是宴会结束。

分享胙肉

如果说祭祀是用祭品向神灵感恩，那么分胙则是一种纳福，有继承先祖福荫的意思。

（二）游神赛会

潮俗的游神赛会实际由游神和赛会两种民俗活动组成。游神，又叫“营神”，就是将神像从庙里请出来在社区里巡视，一般来说，神祇的身份越高巡游的范围就越大。以澄海樟林红头船古港这个著名的社区来说，唯一可以巡游全乡六社八街的神明只有全乡的主神火帝，其他如东社的三山国王、西社的玄天上帝（北帝）和感天大帝（土地神）、北社的七圣夫人等神明只能在各自管辖的小社区内游行。火帝巡游活动从每年农历二月初一开始，至二月十五结束，历时长达半个月，期间除了正月十五游神正日要正式到六社地界巡游之外，前十四天主要在八街的“神厂”接受乡民祭拜。所谓神厂，就是各街区在神庙外面临时用竹木搭起用于安放神明供人祭拜的场所。神厂内外，有高挂灯橱花灯的，有安放香烛盆景的，有摆设粿品食物的，更有演戏说唱的，往往通宵达旦，热闹非凡。因为各社各街都希望通过神厂展示地方实力，祭拜的乡民也想通过祭品取悦神明，因而往往带有竞赛的性质，故称为“赛会”。

说到旧时潮州的赛会，当以元宵节灯会最为出名。潮歌《百屏灯》从“活灯看完看纱灯，头屏董卓凤仪亭”这样一路唱至“百屏拜寿郭子仪”，可见潮州灯会的盛况。明嘉靖年间刻本《荔镜记戏文》已经流传了整整五百年，讲的正是黄五娘看灯投荔，陈三卖身磨镜的风流韵事。但现代的赛会，由于有了电影、电视等新式娱乐方式，传统的灯会、皮影戏等游艺活动早已不再流行，反而是赛大猪、赛大鹅之类的祭祀食物成了主角。

赛猪做戏

赛大猪和做社戏一样，目的都是为了娱神祈福。（摄影：王裕生）

潮汕的游神赛会由来已久，比如惠来县的打火醮，清乾隆元年（1736）就出现了，以后每十年举行一次。在打火醮之前三年，社区的住户会单独或几家联合认养一两头猪，作为打火醮酬神和宴客之用；各商铺住户则每月捐款，由专人负责收取。新中国成立后，潮汕各乡村的宗族和游神赛会被当成封建迷信活动而禁止，庙宇多被毁坏，神像被砸碎。改革开放以后，包括游神赛会在内的传统文化和习俗才逐渐得到恢复。我小时候虽然在惠来县住过十年，打火醮却只是耳闻而没有见过。到2006年12月初，这项从1946年就停办至今的民俗活动终于又重新开展起来。那一次我也专门赶到惠来，挤进从四面八方汇聚而来的人山人海之中，算是见识了传说中打火醮民俗的风采。实际上火醮是一种巫道色彩很浓的法事，“醮”又称“斋醮”，指整洁身心后设坛上章祈祷的礼仪。因为斋醮被认为具有禳灾解厄、祈福谢恩或召摄亡魂、炼度施食等功能，所以在民间具有相当的影响力。

澄海冠山的赛大猪也同样属于重新恢复或再造的传统民俗。改革开放后，澄海冠山率先恢复了此项赛会活动，于是附近一些村落也重新开展起来。汕头市郊的蔡社村历史上也有赛大猪的传统，但中途停办了，直到2002年才重新恢复，之后约定每五年举办一次，到2008年8月，又举行第二次赛大猪活动。由于赛大猪这种赛会活动地方史志未曾记载，近十几年来，虽然有一些记录赛大猪场面的照片和视频在媒体上出现，但还未有专家学者对其进行深入研究。为此我三次到蔡社村进行田野调查，对这种地方习俗进行考察研究。

冠山赛猪

澄海冠山的赛大猪是一种很典型的赛会，每年农历正月十八定期举行，规模也为潮汕之冠。（摄影：青蛙探险）

蔡社村又叫“渔洲”，属龙湖区鸥汀街道，地处市区东北郊新津河南岸，北接旦家园，东连打铁洲，人口五千多，以蔡姓为主，故名。本次赛大猪，由乡里老人组（理事会）负责组织，目的是为了拜祭“老公”，因为农历七月十五是老公诞辰。“老公”又叫“福圣公妈”，相传宋朝时领兵在当地战死，后显灵保佑梓里，因此成为附近包括蔡社在内的乡村社区的主神。福圣公妈庙又称“老公宫”，不在蔡社地界，而是在附近的李厝寨。我到老公宫实地考察时，也只见到“福圣公妈”的碑匾，对其身世事迹竟一无所知。

乡里两天前已在旷埕搭起了一个像戏院一样的大型神厂，一端是祭台，用来放置神像和牌位；另一端是戏台，用来演出潮剧；中间大部分地方空着，会根据祭祀活动的进程来安放各种各样的祭品。比如当天下午的祭品主要是卤鹅、面线、粿品、水果、纸钱、花篮等，全猪和全羊等祭品要当晚才会进场。按照事先的安排，蔡社的这次游神赛会总共有300头大肥猪参加。每头肥猪重量多在400斤以上，有的猪身上还叠放着整只生羊，价值当然不菲。但一来这种大型的祭祀活动并非每年都举行，二来乡村内部存在着一种以宗族为单位的轮祭制度，三来允许多家人联合认养一头猪，所以既能减少花费又能及时处理掉祭祀后的猪肉。

《左传·成公十三年》载：“国之大事，在祀与戎”，不但把祭祀天地神灵与关系邦国存亡的战争都看成是国家的头等大事，甚至将祭祀位列于兵事的前面，可见其在古人眼中是何等重要。在潮汕农村，祭祀的重要性和权威性至今仍然得以维持，这也是像赛大猪这样的大型群体性祭祀活动能够顺利举行的原因。

以祭礼而论，赛大猪称得上是一种高等级的祭献。《礼记·王制》说：“天子社稷皆太牢，诸侯社稷皆少牢。”但凡牛猪羊三牲全备者称为“太牢”，只有猪羊者称为“少牢”。赛大猪常见猪羊并用，与少牢有关，这一特点是很引人注目的。韩愈《祭鳄鱼文》开篇便说：“以羊一、猪一，投恶溪之潭水，以与鳄鱼食”，说明他用的也是少牢之礼。祭礼还规定每头祭牲在祭祀前要经过严格的牢养育肥，这也是“少牢”或“太牢”之“牢”的本义，即所谓“养牛马圈也”。蔡社的大猪一经献祭之人确认，就会得到精心的饲养和照料。这一特点也与古代将畜牲从“始养之畜”变成“将用之牲”的祭礼相符合。

传统祭礼对祭品的生熟也有很多讲究，一般祭天用牲血，祭先王、自然之神和初祖用生肉，祭社稷用半生不熟的肉，祭人鬼则用熟肉。蔡社的赛大猪，除了使用生肉，还用到毛血。在临时搭建的主祭坛一角，地下放着几百个盛放牲血的小碟，每碟牲血实际是取之于被宰杀的猪羊。不但如此，宰杀时还保留了猪羊的一些鬃毛或尾毛。这种做法属于古老的血祭，古人认为用血为祭品可以较快达之于神灵，可能祭事完毕之后，会使用“灌注”或“瘗埋”这类古已有之的方法来处置。

从民俗学的角度来看，游神赛会本质上是一种集体性的许愿行为，是人与神的交易。将活猪、活羊或活鹅宰杀后一字儿摆开祭祀，让神评比；谁家的猪鹅最大，谁家就能够得到最大的赐福。在此过程中，如果神的灵验完全变成了可以用钱物衡量的商品，那么人与神之间的交流最终必将丧失神圣的意义。

（三）三牲敢食

《三字经》说：“马牛羊，鸡犬豕。此六畜，人所饲。”俞曲园等学者认为六畜去除马即为“五牲”，五牲中去除鸡犬即为三牲。但牛羊猪这三牲民间多称为“大三牲”，古称“太牢”，是古代帝王祭祀社稷所用的牲畜，庶民的祭典是不能用的。去除牛后称为“少牢”，是诸侯、卿大夫祭祀宗庙时所用的牲畜。因此潮汕民间祭祀所用的三牲，多指猪、鸡、鱼或猪、鹅、鱼这三种食物组合。祭祀完成之后，将三牲分食掉，似乎是天经地义的事情，但为什么潮汕俗语要说“三牲敢食，钉球敢掼”呢？这钉球又是什么呢？

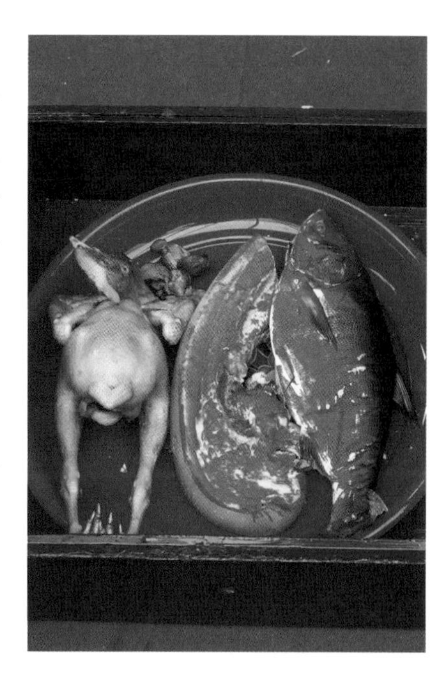

供品三牲

潮汕民间祭祀所用的三牲，多指猪、鸡、鱼或猪、鹅、鱼这三种食物组合。（摄影：林凯龙）

原来潮汕的游神赛会，多数产生于巫术籤纬盛行的农耕年代。在一些节庆祭典活动中，为了显示神灵的超凡力量，有些还会让道士、神汉登坛做法，做出各种各样如上刀梯、坐刀轿、卧钉床、行火路、掼钉球、割舌画符等既有点像武术的硬气功，其实却是巫术的惊险表演。说是巫术，是因为这些表演都是由“同身”完成的。同身就是所谓“神的代身”或被“神灵附体”的人，是古越族“关神”巫术的一种。通常的做法是先唱请神曲请神，如果神灵降身了，附体在表演者身上，表演者就称为“同身”；表演完了还要唱退神曲退神，这时同身也变回常人。清光绪《海阳县志》对这类巫术是这样记载的："其祠庙庵观，无一乡一都不有。每有所事，辄求珓祈签，以卜休咎。有曰降乩者，自称为人禳灾，咒水出符……至登刀梯、卧钉床、走火路等事，多属不经，为可粲耳。"基本持否定的态度。

掼钉球

"三牲敢食，钉球敢掼"这句潮汕俗语的真正意思是用来表示承诺。（摄影：青蛙探险）

潮汕最著名的关神是"关戏童"。根据一些潮剧史料的记载，举行关戏童时要找数名男童作为戏神田元帅的同身，让他们蹲在晒谷埕上，拈香闭目并齐诵请神曲。如果田元帅降身了，"同身"就会跃起唱戏。过程中他双目紧闭，但能按照大家点定的戏目演唱。完毕时众人要齐唱退神曲，同时由施术者呼唤"同身"的名字并往他脸上喷水，将他唤醒过来。包括萧遥天在内的很多学者都认为，潮音戏（即潮剧）的鼻祖就是关戏童。

据我所知，旧时惠来县的打火醮，必定有坐刀轿、卧钉床和掼钉球一类的表演。我自小就听人讲述过这类表演的细节：坐刀轿是坐在用多把刀搭成的简易木轿上，卧钉床是躺卧在钉满铁钉的床板上，掼钉球则将钉满铁钉的木制圆球不断往身上摔撞。钉球多数扎着红布，一头提在手里，像流星锤的样子，未甩开时要提在手里，所以惠来县一带读为［哥鞍6］，作"提"解，如"掼脚篮"即提着个篮子；但揭阳等地方多数读

卧钉床

为了显示神灵的超凡力量，一些节庆祭典活动常有坐刀轿、卧钉床、掼钉球等惊险巫术表演。（摄影：青蛙探险）

[搬6]，明显是描述挥舞甩击的动作。

按照一般情形，做完法事之后，祭典也就结束了，这时才能将三牲等供品分食。这就是说，似乎应该将俗语说成是“钉球敢掼，三牲敢食”才比较符合逻辑。而实际上，“三牲敢食，钉球敢掼”这句俗语，潮汕人主要是用来表示承诺，意思是我既然敢食别人的三牲或钱财，就会负责到底，即使是碰到像“掼钉球”这种既危险又难办的事情，也一定会去完成。同样的道理，你如果也接收了我的三牲或钱财，不论碰到何种情形也一定要实现诺言。

将“三牲敢食，钉球敢掼”作为潮汕人的民风民性或潮汕文化的本质特点之一也是可以的。潮汕人为了实现承诺和恪守信用，做事经常会不顾后果。反之，潮汕人如果对所做的事情没有把握，往往不敢随便承诺。

（四）围炉过年

我们就从潮汕人传统的除夕围炉说起吧。潮汕人说围炉，不一定与炉子有关，而是指吃年夜饭。对此清光绪《潮阳县志》这样记载：“除夕放爆竹，家人团坐而食，谓之围炉。”而实际上吃年夜饭时经常会将一个俗称为“暖炉”的火锅放在餐桌中间，但这样做另有原因，主要是潮汕人将吃年夜饭当成“守岁”，吃的时间往往很长，食物需要不断温热。关于守岁，清康熙《澄海县志》是这样说的：“除夕祀先祖，聚宴通宵，谓之守岁。鸣金放炮以辟邪。”

至于围炉的食物，我们完全可以用人神共享来形容。如上所述，除夕祭祖在潮汕人中比较普遍，这时会在厅堂神龛前面的八仙桌上摆满供品，包括猪、鸡、鱼三牲，鼠曲龟粿和红桃粿等，香菇、腐枝、针菜、豆干等斋品以及大吉（柑果）和槟榔（橄榄）等水果。接着由家长率领家人先祭祀天地诸神，然后祭拜祖先，即所谓的礼神祀先，以祈求神明祖先庇佑子孙后代来年平安。祭祖可以看成古代尝新习俗的变迁，有感恩和纳福双重意义。将一年收获的代表性食物供献于祖宗面前，发慎终追远、饮水思源的孝思，那是感恩；祭祖之后所有胙肉供品都要由家人或族人分食，这叫纳福。因此当我们围炉守岁的时候，实际上正在与神同桌，我们每吃一块胙肉，都有继承先祖福荫的意义。

传统围炉

传统围炉中的主要食物都是祭祀祖先的供品，即“神吃什么我吃什么”。

也许是巧合，我写作此书的时候，刚好吃到了两次模拟性的围炉：一次是在汕头市区的成兴渔舫酒家，我被汕头电视台邀请为除夕围炉节目的嘉宾谈论围炉；另一次是在汕头市美食学会林自然主席的美食沙龙，与学会的一些同人一起吃年饭火锅。两次饭局一传统一新潮：传统的让人勾起了很多回忆，想起了阿公阿嬷仍健在的童年时代和很多旧时熟悉的美食；新潮的明显代表着现代潮汕人对年夜饭的追求方向，那就是供品食物明显减少或基本消失了，围炉的主要食物已经由过去“祭祀祖先的供品”变为“个人喜爱的食物”，即由原来“神吃什么我吃什么”变成了现在的“我喜欢什么神就吃什么”。

在围炉节目中，成兴渔舫酒家按照过去围炉的习俗，安排了很多传统食物，包括一只煮熟但故意未将头尾和翅膀羽毛拔净的小母鸡，用以表达来年振翅高飞的期望；一盘血蚶，因为蚶的外壳俗称“蚶壳钱”，潮俗历来有蚶壳掰得越多，钱银也越多的说法；一大块猪皮染成红色的猪肉和几个同样涂成红色的鸡蛋，一来表明它们属于祭拜过的胙肉，二来用鸡蛋表示后继有人的意义；一盘肉丸和一盘豆粉丝，前者表示家人团圆，后者表示长命百岁；香菇、腐枝、针菜、豆干等斋品不但具有食斋长命的意义，其中的腐枝像竹子一样节节高升，豆干的“干”字潮方言音与“官”相同，祈望食后有官做；传统的发菜虽然因为环保被紫菜代替了，但人发利是的含义其实不言而喻；青蒜炒猪肠表达的意思更为明显，蒜，就是会和算，有钱好劝（储蓄），猪肠则是好日子长久的意思。

新潮年饭

新潮年饭食物变为“个人喜爱的食物”，即“我喜欢什么神就吃什么”。

除此之外，我们在节目中还谈到了其他一些当天虽然没出现在餐桌上但在围炉习俗中经常存在的传统菜肴，它们是：韭菜炒猪血，这里韭取“久”的意思，祈望长命百岁，血则取“发”的谐音；青葱炒猪肝，意思是食葱年年平安，食猪肝会做官；豆生（芽）炒肉片，寓意当然是财富年年增加（生）；芹菜蒜焖乌鱼（鲻鱼）或鲤姑鱼，吃鱼当然是祈求年年有余，而鲤姑鱼更特别，其“姑”字的谐音有“捞钱和捞银”的意思。从这些例子中我们不难看出，潮州人还真是很迷信，很会避凶趋吉！

林自然大师的新潮年饭火锅食物有：冬蠘、小象鼻蚌、带只、车白、芦鳗、猪肾只各一盘，配菜为淮山、黑木耳和芹菜，锅底是用猪骨熬出来的浓汤。这些食物乍一看好像很普通，但我经常出入菜市场，对很多食材又进行过研究，所以能够马上看出这些食材的尊贵和分量来，详细说明如下：

冬蠘：与大红蟹一样属于蟹类中的高档品种，市场价每斤上百元。其他季节大概只能叫花蠘或三疣梭子蟹，唯有到了寒冬腊月才能称为冬蠘。这时母蟹满腹脂膏，肥美无比，无论盐腌、生炊或打火锅都堪称上品。两只冬蠘目测每只应在 2 斤上下，价值不菲。

小象鼻蚌：虽然市场价每斤只有40元左右，但含水量多，可吃部位少，一问果然是用10斤小象鼻蚌才获取那一盘净肉。我也曾经用小象鼻蚌净肉为主菜请客，每只小象鼻蚌只取象鼻部分，每只一片，用上汤鸡油白灼，火候如控制得好极脆美，过火则韧而无味。

供品乌鱼

潮汕人经常将乌鱼作为祭拜神明祖宗的供品。（摄影：林凯龙）

带只：古称江珧。韩愈《初南食贻元十八协律》中说："章举马甲柱，斗以怪自呈。"江珧的贝壳呈墨绿色，晶莹可爱，古人以其"甲美如瑶玉"，故以"珧"或"瑶"称之。江珧的贝肉坚韧无味，但圆柱形的闭壳肌却异常鲜美，晒干后称为干贝，鲜食也极美味。金庸先生的先祖查慎行有《食江瑶柱》诗云："半生梦想江瑶柱，客或夸示长朵颐。"后来真吃到了，还学着苏东坡的口吻，称赞它"格高味厚"。吃江珧之法，要用未沸之汤浸泡才嫩滑，如用猛火蒸煮则老韧矣，可惜懂的人不多。

车白：车白即文蛤或蛤蜊，古人多叫车螯，有天下第一鲜之誉。相传南北朝的梁元帝萧绎说过"车螯味高"，宋代的欧阳修和王安石也都吟咏过车螯。吃车白有个秘诀，要将它的汁液收集起来，滤清后加入汤里才鲜美。遇到好的车白也可不破开，直接放锅里，煮开即捵起，蘸普宁豆酱，极美味。

芦鳗：芦鳗即花鳗鲡，是保护动物，市售的多为人工养殖。光绪《潮阳县志》说芦鳗"大者长数尺，枪嘴锯齿，遇人能斗……能出水而陟山，食芦萌，人知之布灰于路，遇灰体涩，移时围杀而烹之"。芦鳗肉质肥美脆嫩，属高档食材，市场价每斤近200元。

猪肾只：又称猪腰。好的猪肾只要趁新鲜取出，剖开去掉中间白色尿筋并切成麦穗状后泡水。吃时先汆水一遍，去除血水臊味后才下锅。林自然大师却将肾只切成大块的薄片，这样更有利于去除膻臊和控制火候，因为肾只火候稍过即又老又硬。当天用料是8粒肾只。

我粗略估算了一下，这顿年饭火锅光食材的成本已经超过2 000元了，而且这些食材完全可以用高档、生猛、精细这样的词汇来形容。虽然这只是一次美食爱好者之间的聚会，与家人的传统除夕围炉有着本质的不同，但是，饮食始终是文化的一面镜子，人们吃什么即选择什么食物，看似是一种孤立行为，实则是族群意识和时代精神的反映，从中我们还能够窥见整个社会的价值取向和变迁。

（五）做桌厨师

潮汕人做桌宴客，主要有两种形式：上酒楼菜馆订餐或请厨师上门承办筵席。酒楼的环境典雅，服务周到，又有大厨主理，价钱虽然贵了一点，仍然是婚庆、生日等喜席的首选。至于民间的白事筵席、宗族祭祀庆典等活动，却以聘请厨师上门做桌居多，一是图个方便，老人小孩不用走远路前去食桌；二是显得热闹，民间有“食兴”和“食老热”去除晦气的说法；三是能够节俭，一般上门办桌的价钱只及酒楼的三分之二；四是旧时酒楼较少，有些酒楼担心白事酒桌会影响生意而不愿接纳。

做桌厨师

他们靠上门替人做桌为生，四海为家……被蔡澜先生称为“流浪的厨子”。（摄影：翁志雄）

聘请厨师上门做桌的时候最关键是先谈妥席面和价钱。席面指筵席菜肴的等级和数目，通常菜肴的等级由主菜或头菜决定，常见的有燕窝桌、鱼翅桌、鲍鱼桌、海参桌、龙虾桌、常菜桌等；菜肴的数目以偶数居多，因为潮俗有“好事成双”的说法。最常见的桌席为十二道菜，但也有十四道菜、十六道菜，甚至二十四道菜的。一般来说，十二菜桌就算丰盛的了，潮俗也常用“食十二菜桌”来形容餐桌的丰盛程度。

上门做桌这种筵席方式在闽台

也很流行，通常称为“办桌”，有“办菜桌宴客”的意思，而办桌的菜肴就称为“办桌菜”。那些靠上门替人办桌的厨师，通常都居无定所，四海为家，做完了东家又做西家，做完了红事又做白事，所以被蔡澜先生称为“流浪的厨子”。到了约定的日子，这些做桌厨师就会在顾主宴客的厅堂附近搭建起临时厨房，开始准备酒桌。宴客所需的桌椅、碗筷等也全部由厨师带来。宴会结束，又会及时将餐具和场地收拾干净后才走人。

但在一些较大的商埠码头，这些原本在乡间四处流浪的做桌厨师往往会寻找一处场所固定下来。红头船时代最出名的澄海樟林有六社八街，清光绪年间流传至今的《樟林游火帝歌》是这样描述樟林八街的：

> 第一有钱长发厂，第二有钱永兴街，沽行豆行全整齐。
> 第三就是西门外，西门一厂人俱闲，厂名叫做古新街。
> 第四仙桥近涵头，高楼茶居也都齐。
> 第五就是洽兴街，洋货交易在外畔。
> 第六顺兴多洋行，也有当铺甲糖房。
> 第七广盛销海味，亦有扣罟共牵罾。
> 第八仙园四角街，酒坊药行也大间。

这个排名第四的仙桥街，就有“馨和”、“泉珍”等多家“桌铺”。桌铺就是专业上门替人做桌的筵席店，铺内请有固定的专业厨师，配备有各种高级作料。因为专业厨师技术高明，所用食材选料精良，所以做出来的菜品能够色香味俱佳。我读过一篇回忆文章，谈到这些桌铺和菜式，说“馨和”的烤乳猪、红炖鱼翅、红焖鳗鱼和素菜，“泉珍”的清泡鸡核（睾丸）、川椒肚尖、清炖鲍鱼、油泡鳝鱼等极具特色，至今仍为当地人津津乐道。

清末民初的时候，揭阳县砲台镇已是商贾云集。有“厨师村”之誉的新寨村村民先后在镇区办起了“醉珍”、“醉西”、“和珍”等多家桌铺，还创制出风格独特、制作精细、配料讲究的“新寨菜”。在抗日战争以前，澄海县城也有多家专门承办筵席的桌铺。摄影家韩荣华告诉我，他的老姑一家以前就是经营桌铺的，铺号叫“醉桃”，与另一家叫“坤记”的都是当年澄海县城出名的桌铺。

桌铺虽然有了固定招揽生意的地方，但还没有像酒楼那样的营业场所，厨师还得四处上门替人做桌，因而只能算是乡间的做桌厨师向专业酒楼过渡时出现的一种经营形态。1860 年汕头开埠之后，整个潮汕的中心逐渐转移到这个新兴的港口城市。在此期间汕头的餐饮业迅速发展，最突出的标志是涌现出大量有固定营业场所的酒楼和饭馆，据 1934 年出版的《汕头指南》记载："本市酒楼、茶店、饭馆共 30 余家。在商场热闹时，一般富商、阔客，通宵达旦，沉醉于酒海肉林中，故酒楼营业蒸蒸日上。"在此期间，许香童、许响声、蔡学词、郑怀义、郑锦松、孙南海、蔡梅童、蔡梅春、刘世嘉、许茂川、钟得鸿、吴口天、大吴、佳才等原本潮汕乡间的做桌厨师陆续来到汕头竞逐风流。他们巧夺天工，名震四方，不断推陈出新，创造出很多脍炙人口的潮式名肴，让潮州菜系从此走向成熟并崛起于宇内，同时他们自己也成为潮州菜系的第一代宗师。

（六）食桌情景

我虽然研究地方的饮食习俗和饮食文化，但真正参与宗族食桌的机会其实不多。新中国成立前，我的父亲就离开家乡参加革命，以后一直在外乡工作，50 年后才第一次也是唯一一次回了趟饶平老家。他不回去，恐怕与当年错划家庭成分有关，但也应该与他的信仰有关……简单说吧，我在一个无神论的家庭中长大，与家乡和宗族几乎断绝联系。因此对于食桌的情景，我自小就充满了憧憬。

东湖乡宴

食桌是潮汕人族群的一种仪式性的进餐。（摄影：王裕生）

2010 年 6 月，有一位马来西亚的潮籍老板，读到我在《潮州帮口》中所写的那些食桌内容之后，产生了极大的兴趣，想组织一个200人的大型美食团来潮汕并找一处祠堂食桌。这种念头虽然有些异想天开，但其实也不无可能。记得蔡澜先生写过一篇叫《古庙前的婚宴》的文章，说有一次他带领100人的团队到台湾美食游，也是想吃办桌菜。找到当地一位有名的做桌厨师，但那厨师推辞说，那天他们不巧有个90桌的婚宴要办，蔡澜先生说那让我们加入凑成100桌岂不是更好吗？厨师跟婚礼的主人一说，不想对方竟爽快地答应了。就这样，100位从香港而来的贵宾，驱车1小时来到台南芋寮一处乡间古庙前的广场，加入了一场由陌生人举办的婚礼，当然也如愿以偿地吃到了地道的台湾办桌菜。

2009年，我甚至在潮州庵埠文里村白吃过两次桌菜。第一次陪香港《饮食男女》杂志的记者前往采访。当晚名义上是庆祝文里社区英

程洋冈乡宴

食桌的基本礼仪是要对宗族事务表现出一定的友善和关心。（摄影：王裕生）

哥队建立30周年，实则是为第二天社区营老爷而举行的一场聚餐，社区内各宗族、捐钱游神的企业和家庭都有人参加，总共摆了55桌。我们本想拍几张照片马上走人，但最终还是被热情的主人留下来白吃白喝。第二次是因为一位朋友要陪他的长辈回乡里祭祖和入祠而邀请我同行。本来“生能与祭，死能入祠”是正常宗族生活的标志，但那位朋友的长辈不得了，在生就能够入祠。一般而言，能入生祠的人身份

非富即贵，或者是对宗族有贡献。那天我还被安排在祠堂内天井与那位长辈同桌，明显是沾了那位长辈的光。

我举这些例子是想说明：办桌的人多数喜欢热闹，参加的人越多越能显示兴盛和“老热”，而做桌厨师其实就是餐饮经营者，食桌的人越多当然就越高兴，所以如果有像我这样希望体验食桌情景和宗族生活的人，是完全有机会参与食桌的。虽然后来因为其他原因，马来西亚的美食团没有体验到食桌，我却因为有了这种想法而更加关注食桌这种饮食习俗。2010 年 8 月，香港理工大学的许伯坚兄带领一批学员来潮汕旅游，我充当他们的美食向导，除了到澄海盐鸿和饶平柘林湾参加薄壳美食之旅，还到潮州龙湖寨许氏祠堂食桌。这次活动虽然人数不多，只有 30 多人，其意义却不小，主要是能够借用宗族的祠堂作为用餐场所，让外姓的游子体验了一回寻根的滋味和与神同桌的感觉，可以说是开创了食桌这种潮汕食俗旅游的先例。

有了这些想法之后，我甚至设想以后如果真的办起餐饮企业，可以考虑细分出一个专门做食桌的餐厅。食桌餐厅将仿照乡间宗族食桌的形式，一式红漆八仙桌和绿漆长板凳，装修也引入潮汕祠堂建筑、民俗和工艺的元素，菜式以传统的食桌菜即潮州筵席菜为主。如果条件允许，还可以考虑引进潮剧和潮州音乐助兴。总之，食桌餐厅将是一个品尝潮汕美食，弘扬传统文化的基地，服务对象除了来汕头的外地游客，还包括对潮汕文化特别是潮汕美食感兴趣的人群。

四、潮州筵席（上）

（一）经典食单

潮州筵席一直被公认为是潮州菜的荟萃。荟萃当然是指将精美的东西聚集在一起，是不是这样，下面我们就从《中国筵席宴会大典》所载的"潮州四时喜宴"食单入手，对潮州筵席进行分析研究。这四时喜宴食单是：

1. 春筵

花色冷盘　清甜官燕　红炖鱼翅　红烧明鲍　清汤蟹丸　明炉烧猪　清金鲤虾　火腿芥菜　绉纱莲蓉　方鱼豆腐　潮州春饼（咸点）　芝麻米团（甜点）

2. 夏筵

红炖鱼翅　焖芦笋鲍　鸳鸯膏蟹　清醉竹荪　炸凤尾虾　冻金钟鸡　清田鸡腿　焖瓤王瓜　甜马蹄泥　潮州鱼丸　烧麦（咸点）　水晶包（甜点）

3. 秋筵

生菜龙虾　豆腐焗鸡　干焗蟹塔　清汤螺丸　红焖海参　炒麦穗鱿　护国菜（羹）　松子鲩鱼　金瓜芋泥　草菇凤带　鲜虾酥饺（咸点）　夹心香蕉（甜点）

4. 冬筵

大四拼盘　明炉烧螺　百花彩鸡　清汤鳗把　炸各刀虾　生淋鲩

鱼　清鸭掌丸　八宝素菜　羔烧白菜　什锦火炉　云腿伊府面（咸点）　金钱酥柑（甜点）

食单也叫菜单，通常指菜肴的清单，复杂点的如袁枚所写的《随园食单》，实际已是一部饮食文化专著。对饮食的安排，如果是家常便饭当然可以随意，而对于重要的筵席，主事者往往需要事先对席面作出周密的筹划，其中最主要的问题是每席需要花多少钱并且能够吃到什么样的主菜。附带的问题包括筵席的性质特点和特殊要求、菜式的数量和质量、配套的酒水和服务等。上例春筵的主菜包括了清甜官燕、红炖鱼翅和红烧明鲍这三大件，所费自然不菲。总体而言，潮州筵席可以说是自成系统，形成了一套独特的程式。比如菜式件数以十二道菜为主，潮俗称为“十二菜桌”，其中菜肴十道，点心两种。筵席最后一道菜式必定是甜点，如果是喜宴，则第一道菜也会上甜点，称为“头尾甜”，寓意甜蜜的生活有始有终。至于上菜，正式筵席照例都是“逐一上菜，边做边上”，客人吃罢一道，撤去一道，再上一道新的，那种将全部菜肴做好后陈列于桌面才吃的“满天星”上菜方式，在潮州筵席中一般是不会出现的。

生菜龙虾

洋味很重的潮式龙虾沙律，真难想象先辈潮菜厨师是如何创制出这道菜的。（照片提供：厦门嘉和潮苑大酒楼）

红烧明鲍

潮式焗明鲍跟炖鱼翅一样，要将发好的干鲍与香菇、火腿、老母鸡一起在砂锅内煲炖至腍，吃时淋上鲍汁。（照片摄于星洲发记潮州酒楼）

陈光新教授编著的《中国筵席宴会大典》这本书初版于1995年5月，我不知道其中所载的"潮州四时喜宴"食单所据为何？但无论从哪种角度衡量，这份食单都堪称潮州筵席的经典，理由如下：

第一，菜式多为传统潮菜名肴。食单中的菜式多数是潮菜古早味，具有一定的典范性和权威性。比如清甜官燕、红炖鱼翅、火腿芥菜、方鱼豆腐、生菜龙虾、红焖海参、炒麦穗鱿、护国菜、金瓜芋泥、明炉烧螺、百花彩鸡、清汤鳗把、生淋鲩鱼、八宝素菜、羔烧白菜等，其中一些菜名的叫法与现代有异，或者菜式早已不再流行，说明这是一份比较古老的食单。

第二，符合潮州筵席的席面特点。食单无论是菜肴件数和菜式安排都是很典型的潮州方式。潮州菜讲究顺序搭配，上菜要先冷后热（先冷盘后热菜）、先主后次（主菜应在食欲旺盛时上桌才能吃出美味）、先肉后蔬（先用肉质或油脂为肚子打底）、先咸后甜（通常甜品都留待最后，喜宴虽然要头甜尾甜但不能算为常例）。此外，菜肴的浓淡、荤素也要交替搭配，中间更要安插一至两个汤菜冲和调剂（如夏筵中的第四道菜清醉竹荪和第十道菜潮州鱼丸均为汤菜），使味觉起伏，高潮迭起。

第三，符合潮州菜肴强调养生的特点。健康饮食要从选择食材开始。潮汕人比较重视通过食物养生，对食材不但注意新鲜还很讲究时令，强调要"适时而食"和"不时不食"。通过分析，我们发现四时喜宴食单中的各种食材基本与潮汕的物产节季一致，如春筵的芥菜、春饼，夏筵的虾，田鸡，王瓜（有胡瓜、黄瓜、吊瓜等名称）和马蹄，秋筵的金瓜和芋泥，冬筵的鳗鱼、白菜、酥柑（椪桶柑）以及明炉和火炉的使用。

以冬筵的"生淋鲩鱼"这道古早味来说，其做法简直匪夷所思：将活鲩鱼宰洗干净后在鱼背上片一刀，放入木盆内的竹笪上，将两桶沸水淋落盆内，加盖浸约15分钟至熟。轻力将水倒出，提起竹笪将鱼滑落盘内，淋上滚热猪油并用香菜拌边。上桌时要配上咸甜两种作料。咸作料用芹菜丝、肥肉丝、火腿丝、冬菇丝、红椒丝，略炒后加入上汤、味精、盐，并勾芡，再加入麻油、猪油少许。酸甜作料用冰肉、菠萝、冬菇、红椒、生葱切丁，与白醋、白糖等制成。这道菜以前曾是汕头大厦的名菜，朱彪初的《潮州菜谱》也有介绍做法。改革开放之后就不见酒楼制作，至今已绝迹江湖近 30 载矣。

冬筵的“百花彩鸡”也是一道被行家称为“手工菜”的传统潮菜。做法是将鸡肉起出片薄剁细腌制后平铺在圆碟上，上面酿上一层用鲜虾肉打成的虾胶，最上面一层特别些：半边圆酿芹菜茸呈绿色，半边圆酿火腿末呈红色。接着大火蒸熟，将红绿对半切开，每半边圆再切成六角形，然后一红一绿相间摆回圆形，最后用鸡汁调味勾芡淋落即成。与百花彩鸡相类似的手工菜还有鸡茸海参、石榴鸡、芋茸香酥鸭、出水芙蓉鸭、巧烧雁鹅、干炸虾枣、酸甜粿肉、清鸭掌丸、明炉竹筒鱼等。这类菜肴都有一个共同的特点，就是用料普通，做工精细，其用料多数离不开鸡、鹅、鸭、猪和鱼、虾、蟹，还有笋菌及一些时令蔬菜或咸菜、菜脯等传统杂咸，明显产生于物质比较贫乏的农耕社会。猜想大约那个时代的厨师最想做的事情就是利用普通食材变化出一些新奇的花样，借以创造出不寻常的菜式并以此显示他们高超的技艺，因而才创造出这类做工极其复杂讲究，很是考验厨师手艺和修养的手工菜来。但是在现代社会，这类菜肴限于食材的价值，大多卖不起大价钱，收益与付出不成比例，厨师和酒楼都不愿意做，慢慢地也就差不多失传了。所以如果你拿着上面的“四时喜宴”食单去四处寻食，十有八九会失望而归，因为那些潮州酒楼要么做不出来，要么根本就不想做，这就是饮食的时代性。

蟹子石榴鸡

馅料为鸡肉、竹笋、火腿、冬菇。外皮用蛋白烙成并用芹菜茎扎口，看起来吹弹可破，搛起来柔韧有余，咬下去蛋香十足！（照片提供：厦门嘉和潮苑大酒楼）

八宝金瓜盅

用糯米饭和玻璃肉、冬瓜册、柿饼、白糖等制成甜品，改用鲜虾、鱿鱼、腰果等做成咸品也相当好吃。关键步骤是用来当作盛器的金瓜要先用热油炸熟。（照片提供：厦门嘉和潮苑大酒楼）

下面我将仿照潮州筵席食单的形式，提供一份我认为在现代社会最值得推荐的代表性潮州筵席食单。为了增加食单的丰富性，对其中的任何一款菜肴，我会同时提出五种其他菜肴以供选择替换，同时将交代推荐这些菜肴的理由，它们的风味特点及基本做法。对于大多数厨师或食客来说，知道某个菜如何做或某个菜滋味的好坏并不难，难的是如何将这些菜肴组合起来变成一套有水准的，能应用于各种场合宴客的菜式。希望我的这些努力能够对他们有所帮助。

需要说明的是，这份食单完全是按照规格来设计的，如果不是特殊级别的重要宴会，建议点菜时应酌量删减部分菜式以免花费太多——假如删减掉食单中第2项的鱼翅和第12项的燕窝之类的高档菜式，就会变成很普通的筵席食单；假如删去第2项、第3项、第11项和第12项之后，就完全变成很家常的食单了；如果不敢吃生腌的食物，则又可将第9项删去。总之，最好是将其看成一份动态的参考食单吧。

潮州筵席食单（以十二菜桌为例）：

（1）**卤味拼盘**（替换菜肴：卤水鹅肝、干炸虾枣、干炸肝花、潮州肉冻、隆江猪脚）；

（2）**白灼螺片**（替换菜肴：明炉烧螺、上汤鱼翅、红炖鱼翅、鲍汁花胶、脆皮海参）；

（3）**橄榄螺头**（替换菜肴：乳鸽灵芝汤、海马炖鹧鸪、黄豆炖杜龙、花胶炖菌、脚鱼炖乌鸡）；

（4）**豆酱焗蟹**（替换菜肴：花椒青蟹、生炊膏蟹、冻龙虾饭、红焖乌耳鳗、芝麻鱼膘）；

（5）**生炊鲳鱼**（替换菜肴：干煎马鲛、乌鱼焖蒜、沙尖煮豆酱、魟鱼煮咸菜、沙虾炒吊瓜）；

（6）**护国菜羹**（替换菜肴：厚菇芥菜、玻璃白菜、八宝素菜、银鱼焖白菜、猪肉苦瓜煲）；

（7）**油泡鲜鱿**（替换菜肴：草菇煀乳鸽、猪肉炒豆干、红烧松鱼头、咸鱼蒸肉饼、姜丝炒水鸡）；

（8）**清汤鱼丸**（替换菜肴：牛肉丸汤、猪肚咸菜汤、佃鱼紫菜汤、柠檬炖鸭、鱿脯萝卜汤）；

（9）**生腌膏蟹**（替换菜肴：生腌咸蠘、生腌血蚶、腌咸蚝仔、腌黄泥螺、腌咸尔醢）；

（10）**清炒芥蓝**（替换菜肴：春菜煲、七样羹、豆干炒韭菜、清炒香菜、豆酱炒麻叶）；

（11）**煎菜头粿**（替换菜肴：红桃粿、鼠曲粿、老妈宫粽球、炒素面、秋瓜烙）；

（12）**甜番薯芋**（替换菜肴：羔烧白果、雪蛤芋泥、杏汁官燕、甜姜薯粿、八宝甜品）。

（二）第一道菜：卤味拼盘

（替换菜肴：卤水鹅肝、干炸虾枣、干炸肝花、潮州肉冻、隆江猪脚）

按照潮汕人的饮食习惯，凡食客到酒楼食肆，第一道菜多数会点卤味。潮式卤味以卤鹅为根本，民间俗语有“无鹅肉不雰霈”、“无鹅不成席”的说法，意思是筵席一定要有鹅肉才称得上丰盛。餐馆的经营者，通常会在入门的一角，将卤味和鱼饭，还有其他一些预先煮好的熟食合在一起组成一个明档吸引顾客，这种明档就是很出名的“潮州打冷”。

潮式卤鹅的兴起，与潮汕民间盛行的祭祀民俗有很大的关系。在过去，潮汕的农民哪怕日常生活再艰苦，逢年过节都会刣鸡杀鹅祭拜

卤老鹅头

选用3年龄退役老狮头种鹅，用双倍的卤料和双倍的时间卤制，每斤市价高达160元以上，是潮式卤味中的极品和绝佳的酒膳。（照片摄于汕头市二八粗菜馆）

祖宗神明。每当这个时候，很多农户都会在家里“起卤钵”，将自家饲养的鸭鹅卤后拿去祭拜。在节后的好些日子里，这个卤钵的作用有点像现代的冰箱，可以不断用它来卤制保存那些已拜祭过的供品，包括那些仅用白水煮熟的五花猪肉、猪脚甚至肥鸡，也可以对那些吃不完的卤鹅卤鸭进行翻火以便存放。等到这些祭肉吃得七七八八的时候，又可以将煮熟的鸡蛋，比较便宜的肉皮、腐枝、豆干甚至猪血加进去……总之这样的卤钵如果照看得好，每天能够煮开一次，不让卤汁变质，吃上十天半个月甚至更长时间是不成问题的。

因为卤鹅身上好吃的部位实在太多了，当你来到酒楼想吃卤鹅的时候，服务员通常会问你要鹅的哪个部位，是鹅头、鹅肝、鹅胗、鹅肠、鹅掌、鹅翅、鹅肉、鹅血还是鹅卵，鹅肉是要前膛还是后腿，抑或中波（腹部）。遇到这种情形时建议你最好还是先点个卤味拼盘，多品尝一些不同部位的滋味。

还有一种潮式肥鹅肝，是仿照法国肥鹅肝的喂肥方法专门饲养出来的。所谓喂肥方法，简单说是在宰杀前20天要对鹅进行强制性的笼养填养，让鹅营养极度过剩，形成很严重的脂肪肝。根据法国人对肥鹅肝的定义，一个标准的肥鹅肝，重量要求达到700克以上，是正常鹅肝的近10倍；脂肪含量高达60%，而普通鹅肝的脂肪含量只有2%。我曾经见过重达1 500克的急冻进口肥鹅肝，但潮式的肥鹅肝重量多在500～800克之间，极少见过更大的。以前我还以为是喂肥技术的问题，因为如果采用有“世界鹅王”之称的巨型狮头鹅来喂养，按理得到的鹅肝会比进口的更大才对。但后来一位鹅肉店的老板告诉我，潮式肥鹅肝并非无法养大，而是农民不愿养太大，因为一旦肥鹅肝的重量超过700克，杀鹅时就很难将肝完整地从腹腔小孔中

卤水鹅肝

潮式肥鹅肝用卤汁和鹅油慢火浸熟，肥美丰腴，入口即化，唇齿留香，完全可与法式肥鹅肝相媲美。（照片提供：厦门嘉和潮苑大酒楼）

取出来——若改为剖腹虽能取出，鹅肉可就不值钱了，因为潮式卤鹅是整鹅卤制的。

这种肝肉兼用的养殖方式，最大的好处是使潮式肥鹅肝能够维持较低的价格，卤熟后每斤 70 元左右，大概只及进口肥鹅肝的一半吧。农民将肥鹅肝取出后，会马上浸泡在清水或淡盐水中，以清除肝血和避免压碎，随后与生鹅肉一起运送到订货的卤鹅店。我本人算得上是一个肥鹅肝爱好者，每当我吃着潮汕风味卤制的肥鹅肝的时候，常常在心底里与法国米其林厨师所做的香煎鹅肝片或鹅肝酱作比较。潮汕的卤鹅肝要用卤汁和鹅油慢火浸熟，吃时配卤汁和蒜泥醋。好的潮式鹅肝肥美丰腴，入口即化，唇齿留香，回味无穷。法式鹅肝多数切片香煎，熟后还要配上无花果和苹果醋一类酱汁。法式鹅肝的美味早已获得全世界的公认，被认为是奢侈的美食之一。两相比较，很难说谁好谁坏，只能说风味不同。至于鹅肝酱，可能是饮食习惯的问题，我不太敢恭维。所以我推荐的筵席食单，第一道菜就包括这种可与法式鹅肝媲美的潮式肥鹅肝。

传统潮菜在揭阳一带还有所谓老四味的说法，指的是干炸虾枣（或蟹枣）、干炸肝花、油泡鱼卷（鱼册）和玻璃芋泥，其中的干炸虾枣是少数至今仍然流行的潮州传统手工菜，滋味鲜美，香爽松脆。做法有两种：一是先将虾肉、肥肉、韭黄、马蹄等做成馅料，然后用腐皮包成条状，封紧后用绳每五厘米分扎成枣状小段，蒸熟后剪开再油炸至金黄色；二是做成像牛肉丸那样的丸子，先在温油中浸熟定形，再增加油温炸成金黄。干炸虾枣的配料中一定要用到花椒粉，如果没加或少加，滋味就不对劲了。但有些新厨师一看见加入花椒还以为是外来的新菜式，实际上很多传统潮菜都用到了花椒，如川椒龙虾和炸川椒鱼。进一步追溯，在明末清初辣椒被引进我国之

干炸虾枣

传统潮菜干炸虾枣用料除了虾肉，还加入较大量的花椒。吃起来鲜香爽脆，极其好味。（照片提供：厦门嘉和潮苑大酒楼）

前，人们所用的“椒”都是指花椒。韩愈在潮州所写的《初南食贻元十八协律》中就提到“调以咸与酸，芼以椒与橙”，说明潮州人在唐代就已用花椒做菜了。潮州龙湖寨有一个阿婆祠，祠匾为“椒实蕃枝”，以《诗经·唐风》中“椒聊之实，蕃衍盈升”的诗句为意，借用花椒比喻妇人多子多福。

干炸肝花

潮式传统猪肝菜肴，可惜现在很少在餐厅出现了。

干炸肝花的做法是将猪肝、肥肉等原料切碎搅匀后用猪网油卷成圆筒卷，经验是猪网油至少要卷两圈才不容易破裂。蒸熟后涂上湿生粉炸成金黄色，切块摆件并淋上用熟油和胡椒粉调成的“胡椒油”。近年随着猪肝的失宠，这道菜已经很少见到，只在一些坚持传统的餐厅才会出现。

潮州肉冻指猪脚冻或猪皮冻。已故潮菜大师朱彪初的《潮州菜谱》收有“猪脚冻”这款菜肴：原料是猪脚、猪皮、鱼露、味精、冰糖和水。做法是将猪脚猪皮文火煲烂，猪皮弃去，猪脚捞起切块，原汤除油并过滤，再将猪脚和原汤重新煮沸，然后静置冷却。如果是在冬天，大约半天时间就会自然结冻，夏天则需放入冰箱冷冻。吃时切成小块，蘸料用鱼露加胡椒粉。猪脚冻做得好时，晶莹剔透如水晶，味鲜软滑，入口即化，肥而不腻，是很值得一试的传统潮菜。

隆江猪脚有两大特点：一是不用猪蹄，只取猪脚的第二关节部分；二是烹制方法特别，介于卤与焖之间。做这道菜要先将猪脚烧毛并焯水走油，经过这道程序之后吃起来才不会油腻。然后在锅底垫上竹笪以免烧焦，锅一定要大，最好能同时叠放十多只猪脚，然后加香料袋、老抽、盐、糖、料酒，注入清水，大火滚开后改小火焖至酥烂，吃时才切块加热上桌。以前我在惠来，见过一位知青一次吃下了一只半隆江猪脚和五碗干饭。隆江猪脚单独吃是菜肴，如果与汤汁一起浇在干饭上就变成了潮式快餐。实际上国内很多城市都有隆江猪脚饭这种快餐，其名头甚至盖过了隆江猪脚本身。

（三）第二道菜：白灼螺片

（替换菜肴：明炉烧螺、上汤鱼翅、红炖鱼翅、鲍汁花胶、脆皮海参）

白灼螺片

为了使肉质更加嫩滑，灼好后要及时淋上滚烫的鸡油。上桌时要搭配虾酱和酱油芥末两种作料。（照片摄于汕头大林苑酒家）

响螺的中文名称为管号螺，在福建东山、长乐等地则被称为大吹螺或海螺。响螺产地虽然包括了福建、广东、浙江、台湾等不少地方，但要将响螺做成高级菜肴只有上汤白灼或明炉烧制这两种经典做法，因而餐饮业凡提到响螺时一定要提及潮州菜，并且将其看成是潮州菜独有的菜肴。这情形就像谈论干鲍时一定要说到日本产的网鲍和吉品鲍一样，这实在是一种很有趣的饮食现象。

白灼螺片要想做得好，一定要采用厚剪的方法。将响螺外壳敲破取肉后，要先将螺头、螺尾和外皮硬韧部分切去。有经验的厨师会边摸边切，凡触手较硬的地方都要切削干净。然后用滚刀法将整只螺肉片成相连的厚片，一般 1 斤左右的响螺只能切一大片，1 斤半以上的才切 2 ~ 3 片，然后浸泡在清水里备用。灼螺也有很多讲究，主要是围绕如何使螺片更加弹牙爽口。讲究的餐馆，厨师会到包厢现场堂灼，以减少传菜的时间；灼汤要采用上汤，以免螺的甜味走失；灼好后还要及时淋上滚烫的鸡油，封住水分使肉质更加嫩滑。按潮菜的讲究，上桌时要搭配虾酱和酱油芥末两种作料。

至于明炉烧螺，说实在的，差不多快要失传了，勉强做出的也难称正宗。20 世纪 90 年代初，龙湖食街有一家叫“新兴”的小食店就做得极好。记得店主姓洪，潮州人，后来食街衰落，食店关门，店主不知所终。前些日子我在厦门嘉和潮苑大酒楼遇到钟昭龙大厨，倾谈之下发现他竟然是已故第四代潮菜名师罗荣元的入室弟子，早年曾经在龙湖宾馆担任行政总厨并获“十佳潮菜厨师”等多项殊荣。我询问他的拿手菜式，当他提到明炉烧螺的时候，我突感机不可失，随手撕下一张白纸，边询问边做记录。事后我将罗荣元师傅这一派的烧螺方法与朱彪初大师在《潮州菜谱》中所记的“火腿烧螺”方法进行比较，感觉上是罗派更讲究一些。

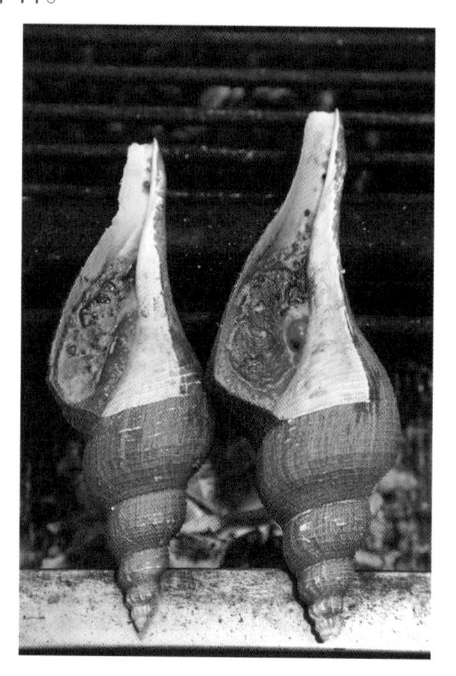

烧大响螺（组图 1）

烧响螺带有很突出的潮州印记。烧得好的响螺，吃起来就像干鲍，鲜香浓郁、回味无穷。（詹畅轩摄于汕头成兴渔舫）

钟昭龙师傅所讲的烧螺法要点如下：第一，选螺。螺有公母之分，母螺又叫“文螺”，壳薄而无角，肉厚有物（净肉多）。第二，清洗。烧前一定要对螺进行清洗去除异味，用筷尖刺一下螺鼻，能使螺喷出黏液。第三，配料。配料有花椒、肥肉、生姜、青葱、黄酒、上汤、味精、酱油、食盐等。第四，烧制。炭炉上面要有专门的铁架，使螺离火约 15 厘米。火力要先武后文，整个烧制过程约 40 分钟，要将所加料汁烧至被螺肉完全吸收为止。第五，切片。烧

烧大响螺（组图 2）

（照片提供：厦门嘉和潮苑大酒楼）

制好的螺肉要像切牛肉一样横切，将螺肉的纤维切断，吃起来才不硬韧。1 斤重的响螺只切 4 片，4 斤重的切 16 片。钟师傅又说：“烧得好的螺肉，吃起来就像干鲍，鲜香浓郁、回味无穷。”

在饮食界，传统的潮式红炖鱼翅以软糯香滑著称，价格昂贵。在香港，一碗潮州红炖金勾排翅要卖 1 280 港币，还需预订才能吃到。难怪前两年香港《饮食男女》的记者来汕头采访，最想了解的就是红炖鱼翅。仅以材料来说，红炖鱼翅不能采用常见的散翅，要用翅针粗壮的大尺寸排翅，比如取自鲸鲨的天九勾翅。涨发时还需要保形，使发好的翅针排列成整齐的扇形梳状。制作方法更是费工费时，根据朱彪初《潮州菜谱》所记，要将发好的鱼翅与猪脚、五花肉、排骨和猪皮及绍酒、火腿等配料同炖，先用武火炖 3 小时，捡去猪脚等物料后改用老母鸡文火炖 1.5 小时，这时鱼翅的胶质析出，需转为小火再炖 1.5 小时收汁。红炖鱼翅是绝对不能勾芡的，如炖的火工不够，则鱼翅不能与汤汁融为一体，入口也必定未臻软糯香滑的境界。

在 20 世纪 30 年代，位于汕头万安街 4 号的陶芳合记就以精工制作鱼翅著称。当年有一句俗谚，叫“陶芳好鱼翅，中央好空气，永平好布置”，讲旧汕头陶芳合记酒楼、中央酒楼和永平酒楼这三家著名食肆的特点。可惜陶芳合记酒楼在 1951 年就已经停业了。改革开放以后，潮菜虽然发展迅猛，但受到原材料和消费水准的限制，真正高档的红炖鱼翅还没有听说哪家酒楼肯做，反倒是香港的潮州酒楼和远在新加坡的发记潮州酒楼一直坚持烹制这道传统的潮州菜。发记潮州酒楼甚至做成即食鱼翅，让没有吃过潮式红炖鱼翅的人也大饱了口福。

上汤鱼翅的出现基于这样一种更现代的烹饪理念：鱼翅不管如何煨炖都是无法使配料的滋味渗入，炖久了只是溶化析出而已。既然如此，为什么不可以将鱼翅和配料分开处理然后再混合在一起吃呢？这种改进使上汤鱼翅的制作要比红炖鱼翅简单并且科学得多：鱼翅和上汤都事先分别做好，客人点菜后即可按量混合蒸热上桌。有趣的是，平时我们谈论食物的时候，最喜欢强调原汁原味，但对于鱼翅这种食材来说，这个词汇却毫无意义，处理鱼翅时一定要将其表皮、腐肉等物质全部去除，使之完全无汁无味。因而上汤鱼翅味道的好坏，除了鱼翅本身好坏之外，与上汤的品质关系最大。

好的上汤，别名就叫翅汤，有顶级、上好、专用于鱼翅的意思。

潮菜重汤轻油是出了名的，但不同厨师在制作上汤时，在原料选择、用量和做法上都有一些差别。制汤最常用的材料是老母鸡、猪腰骨、猪脚、精肉和火腿。做法通常是将材料斩件焯水去除杂质，加清水煮开后撇去浮沫，改用小火熬上七八个小时后将汤滤出，称为头汤。如另加清水继续熬制的汤就称为二汤。不过林自然大师和我都是反对长时间熬汤的，我们制汤都采用高压锅，只需半小时就能熬出更富营养，不会因长时间氧化而产生嘌呤的头汤。但要将头汤变成上汤，还须两个条件：一是浓度要足，二是经过精制。不管采用何种方法，一斤原料最多只能熬出一斤上汤，汤多了当然就淡了。精制的方法是将头汤过滤冷冻，去掉上层的油脂和下层的沉渣后重新煮沸，加入蛋清和肉茸，经过加热搅拌之后，汤中浑浊的悬浮物会被吸附沉淀，重新过滤后便成为如水般清澈见底且无比鲜甜甘醇的上汤了。

上汤鱼翅

上汤鱼翅的出现基于一种更现代的烹饪理念：鱼翅和上汤都事先分别做好，客人点菜后即可按量混合蒸热上桌。（照片摄于上海大有轩酒家）

虽然最好的鲍汁花胶只有在上海或广州的大有轩潮菜馆才吃得到，但我还是要推荐这款带有浓厚潮州色彩的高档菜肴。花胶，又称“鱼肚”或“鱼胶”。在海味四宝“鲍参翅肚”中花胶虽然排名末位，却像“金银珠宝”中的宝玉一样属于无价之宝。最高级的花胶潮汕人称为“金钱胶”，取自一种中文名称为黄唇鱼，属于国家二级保护水生野生动物的鱼鳔。金钱胶有两条像胡须一样特有的侧管，最佳品质的每斤市价高达300万元左右，而且可遇不可求。第二珍贵的花胶是鳘鱼公肚，目前两价已超过2 000元。两价就是以单个鱼胶的重量论价，两价2 000元即单个1两重量的每斤2 000元，单个2两重量的每斤4 000元，4两重量的每斤8 000元……但单个鱼胶超过5两重量的往往就改为按个论价了，一个6两重的鳘鱼公肚若按单个计算只需

7 000多元，但很可能两价就会要价1万元以上。我在大有轩吃到的花胶是8两重的鳘鱼公肚，究竟目前市值多少钱都很难说清。现代捕捞技术越来越先进，捕到大鱼获得大鱼胶的可能性越来越小，大鱼胶可以说是吃一个少一个！特别是黄唇鱼更是日益稀少，而相传金钱鱼胶不仅能够固本培元和养血补身，对妇女产后崩血尤有奇效，潮汕妇女大多希望家中藏有一片这种“救命胶”，因而价格越炒越高昂，早已不是寻常的食材而变成极稀罕的药材了。

鲍汁花胶

花胶又称“鱼肚”，在海味四宝“鲍参翅肚”中花胶虽然排名末位，却像“金银珠宝”中的宝玉一样属于无价之宝。（照片摄于上海大有轩酒家）

与鱼翅、燕窝一样，全世界的鱼肚不管是从哪个角落获得的，最终都会汇集到华人世界中来，这当中的销售商人十有八九会是潮汕人。这是因为“往来东西洋，经营南北行”（清乾隆《潮州府志》）是潮商的传统，这南北行当然也包括了燕翅、参肚之类的海味干货。至今在香港的海味街，随便到哪家干货铺都能用潮汕话交易。日藉华裔著名作家陈舜臣、蔡锦墩夫妇在《美味方丈记》中有如下一段谈及潮州鱼翅的文字：

潮州能够捕捉到少量的鲨鱼，这个地方位于广东省东部，毗邻福建省，境内有一个中等城市——汕头。那边的人果然对鱼翅烹饪很在行。

如果你想在香港品尝鱼翅，就找招牌写着“潮州菜”、“汕头菜”的馆子，进去肯定没错。

在香港的“南北行街”，中餐馆鳞次栉比，而有鱼翅烹饪的，主要都是潮州人的餐馆。

丈夫说，当年在帮家里做海产品贸易时，曾向来自香港和曼谷的潮州买家详细请教了鱼翅的有关问题。

不久前我在汕头市黄山路一家不起眼的小店铺随意逛看鱼胶，年轻的店主对我说，他们是网络实体店，在淘宝网上的同类网店中排名第一，我回家一搜索果真如此！潮汕人经营鱼胶也喜欢吃鱼胶，但通常用来入馔的主要还是较为便宜的北海胶和鳗鱼鳔。北海胶主产地是中美洲，香港人多称为扎胶肚，厚身的浸发后雪白软糯，可用鲍汁焗扣或炖汤；细小薄身的常与鳗鱼鳔一样经过炒爆或油炸后做成多种中档菜肴，较出名的有“酿金钱鱼鳔”和“芝麻鱼鳔”等。

脆皮海参实际上是一道创新潮菜。潮汕人历来比较喜欢海参，朱彪初的《潮州菜谱》中共有五种海参菜肴，分别是：什锦乌石参、蛟龙吐珠、红焖海参、鸡茸海参、杂锦海参羹，其中以红焖海参最著名，至今仍在各种筵席中出现。全世界可供食用的海参大约有40种，又可分为刺参和石参两大类。这两种参可以说是各擅胜场：刺参流行于北方，肉薄而爽；石参肉厚而软糯，南方人更加喜欢。我吃过做得最好的刺参是北京大董的董氏烧海参，用鲁菜新法葱烧，既入味又弹牙。至于石参类，则首推大林苑的脆皮婆参。

脆皮婆参的创新之处在于解决了海参难入味和口感的问题，通过将发制好的海参用热油淋泼至表面起泡，使其易于吸附更多鲍汁，又产生一种额外的焦香味和香脆的口感。在上菜形式上，脆皮婆参采用中菜西食，配套刀叉餐具，配黄芥末酱供食，与传统的红焖海参相比，无论口感和形式都有较大的改进。

（四）第三道菜：橄榄螺头

（替换菜肴：乳鸽灵芝汤、海马炖鹧鸪、黄豆炖杜龙、花胶炖菌、脚鱼炖乌鸡）

按照潮汕的食俗，吃响螺时切出来的螺头和螺尾是不能随便丢弃的。酒家要将螺头用来炖汤，通常做成“橄榄螺头汤”免费奉送。炖螺头所用的橄榄，也不是地中海沿岸用来榨油的那种，而是原产于南方百越之地的青橄榄，其果青涩有奇香，久嚼生津甘甜，具清肺润燥、养阴止咳的作用，与响螺滋阴补肾的功效可以说是相得益彰，做成的“橄榄螺头汤”，称得上是一款有药性无药味的美味菜肴。螺尾经过油炸之后另用小碟或与螺片同盘盛上，是下酒的佳肴。当年朱彪初大师在烧螺的菜谱中还特别这样注明：“螺尾很香，一定要摆上。如食客见无螺尾，食后就不付钱，这是潮州人的规矩。”

外地人说“潮州人识食”的时候，其实包含着三层意思：一是食好，二是食巧，三是食出健康。食好主要指美味，包括挑选好的、高级的、新鲜的食材来吃，也包括用精细的烹饪手法做出来的美味佳肴。食巧既可以指对食物的充分利用，比如上述对响螺的“一螺二食”，也可以指科学合理的进食方式。以本筵席食单为例，第一道菜选用肥鹅肝之类肉质或富含油脂的食物，为饥饿的肚子打底，起到滋润胃壁的作用，这一点对于一些以饮酒为主的聚餐场合尤为重要，其性质类似于西餐的前菜。第二道菜选用白灼螺片之类高档菜肴，其用意是筵席的主菜一定要在宾客食欲最旺盛、精神最集中的时候及时上桌，这样才能够吃出美味和价值来。第三道菜为什么要选择带有药膳功效的炖盅汤菜呢？我在这里要做些特别的说明。

笋菌炖螺头

与“白灼螺片”相配套构成一螺多食，除了青橄榄，常用配料还有笋菌类。（照片提供：厦门嘉和潮苑大酒楼）

我要说的内容可以简称为“君臣菜”理论。对于筵席的主菜，我们其实是可以用“君菜”来称呼的。君临天下，谁与争锋？筵席的名称和级别往往便由君菜即主菜决定，有鱼翅的就叫“鱼翅桌”，有鲍鱼的就叫“鲍鱼桌”，有燕窝的就叫“燕菜桌”。实际上，传统的筵席都是用这种方法来称呼的。

既然有了君王，那就必定有臣子，也就是“臣菜”。臣菜就像大臣百官，其作用是辅助君菜使整个筵席顺利进行下去并且给人以丰富多样的美味享受。一般来说，臣菜本身的美食价值要小于君菜。在一份食单中，臣菜多指比君菜便宜的中档菜肴，比如本食单的橄榄螺头、豆酱焗蟹和生炊鲳鱼。判断一道菜肴是不是臣菜，主要是看它能不能够衬托和突出主菜的尊贵和美味，本例的橄榄螺头汤就是很典型的臣菜：在吃完主菜白灼螺片或红炖鱼翅之后，适时进食橄榄螺头汤，能够起到清洗味蕾、调剂味觉的作用，使主菜浓稠的酱汁（鲍汁或鸡油等）不再滞留在唇齿之间，有利于继续品味后面的其他美食。

实际上这种“君臣菜”理论并不是我的发明创造，而是参照了古代中医的理论提出来的。我们都知道，中国古代是“医食同源”的，周代负责帝王饮食健康的职官就叫“食医”，集厨师和医生两种职能于一身。更具体地说，传统中医的组方原则“君臣佐使”，是完全可以作为食单的组成原则的。《素问·至真要大论》这样说：“主药之谓君，佐君之谓臣，应臣之谓使。”将方剂中的药物分为君、臣、佐、使四种。应用在食单上，我们不但可以分出君菜和臣菜，同样还可以分出佐菜和使菜来。

佐菜，指的是协助君菜和臣菜的那些菜肴。本例食单中，君菜因为价格昂贵其分量往往较少，臣菜又多是汤类或海鲜类食物，会让人产生吃不饱的感觉，便需要增加一些既能让人吃饱，又能补充君菜和臣菜营养不足的食物。对此潮汕俗谚是这样说的：“食鱼食肉，还着菜甲，”这“菜甲”就是佐菜。食单中的护国菜羹和清炒芥蓝，以及煎菜头粿和秋瓜烙等小吃，就是能起到协助作用的佐菜。

使药，在处方中常指药引和能起调和作用的那些药，比如田七和酒。同样的道理，使菜是指那些能够引领美味的食物，类似于西餐的前菜或开胃菜。餐桌上常见的卤味拼盘、凉菜、小菜、花生碟、杂咸等，就是很典型的使菜。必须指出的是，菜肴的性质与上菜顺序有关，比如卤味拼盘如果不在君菜之前上菜就不能算是使菜。在食单的安排中，它的作用是开胃，即有限度地满足食欲并且引导食欲品味君菜。如果第一道菜就上君菜，由于肚子太饿，可能人人都像猪八戒吃人参果，狼吞虎咽，完全不知道滋味了。

很多年来，无论是下馆子点菜还是在家宴客，我都是以这种君臣菜理论为原则来组合食单的。有了这种理论之后，回头再来看看橄榄螺头汤的其他代替性的炖盅汤菜，我们就能够依据君臣菜的原则来设计制作这一类菜肴了：第一，应尽量选用不太名贵又具有食疗价值的本地特色食材；第二，烹制时汤水务必清鲜可口。关于汤水的清鲜，有个民间故事就很能说明问题。传统的潮州红炖鱼翅吃时一定要有浙醋、火腿丝、银芽、香菜（芫荽）四种配料。银芽就是去除头尾的绿豆芽，要做成极淡的汤。传说有一位老厨师的银芽汤做得极好吃，甚至有人冲着那碗银芽汤去他那里吃鱼翅。老厨师直到临死时才肯将做银芽汤的秘诀告诉他的儿子，原来他做的银芽汤是完全不加盐的！

炖盅汤菜经常用到菇菌类的食材如香菇、草菇、竹荪菌、黑虎掌、松茸、羊肚菌等。发制这类干菌时有一个很重要的诀窍，就是泡水后要尽可能在短时间内将泥沙清洗干净，然后另用清水浸发。这样发好之后浸泡菌类的液体才能够利用，菌类的营养和香味物质才能够保存，否则菌类的精华全失，实同干尸矣。传统潮菜中有种叫原盅醉花菇的，用的是普通的香菇和瘦肉，吃起来味道却极好，主要是这些细节处理得当。我在做家宴时，最喜欢将花胶和菌类搭配做炖盅，从普通的草菇猴头到进口的黑白松露，几乎各种著名的菌类我都试过，以后有时间会将这方面的心得整理出来与大家分享。

乳鸽灵芝汤

灵芝益气血，乳鸽滋肾脏。常吃能强身壮体，减少疾病，延缓衰老。（照片摄于上海大有轩酒家）

海马可以说是潮汕一带的特产，因为真正具有药用价值的大海马和三斑海马主要就出产在粤东海域。我国的文献药典虽记载海马加工时要“除去皮膜及内脏后晒干”，但潮汕的渔民捕获后都直接洗净晒干，从来不去除内脏。海马干的食法其实很简单，以鹧鸪或其他肉类为汤底，也可加入菌类或药材去除腥味，然后将海马用水冲净后放入，蒸笼中旺

杜龙炖黄豆

蛇鳗科的杜龙又称土龙，因为比鳗鱼更凶猛更滋补而被看成是有效的壮阳食物之一。（照片提供：厦门嘉和潮苑大酒楼）

火蒸30分钟后调味即成。

杜龙是一种很特别的鳗鱼，它们的样子和习性像蛇，动物学上归属于鳗鲡目蛇鳗科。在台湾，杜龙称为土龙，被当成最有效的壮阳食物之一，主要是被用来泡酒。潮汕传统吃法是将杜龙切段后炖黄豆，如果加入菜脯同炖则更加清鲜。十多年前还流行过参照蛇羹吃法做成的杜龙羹，做法其实只是将杜龙黄豆汤脱骨去渣勾芡而已。还有一种创新吃法，即杜龙火锅，做法是将已去掉脊骨的带皮杜龙肉，用切脍的刀法将肉中的骨刺细细切断，这样虽然骨刺仍在，但吃起来就像没有骨刺一样。

脚鱼炖乌鸡

潮菜的脚鱼名肴还有"脚鱼炖薏米"、"红焖脚鱼"和"脚鱼火锅"等，都是很值得一试的美食。（照片提供：厦门嘉和潮苑大酒楼）

脚鱼炖乌鸡这道菜式中的脚鱼又叫"鳖"。将脚鱼和乌鸡及田七之类的药材合炖，有个很好听的名称叫"霸王别鸡（姬）"。我做这道菜，不喜欢将脚鱼炖太长时间，而是焯水后留着，等鸡和药料炖得差不多了才下。这样鳖裙的胶质才不会炖化，至少不会失去那种美好的口感。脚鱼营养丰富，药用价值明显，价钱又不贵，是很值得推荐的食材。潮菜中的其他脚鱼名肴还有"脚鱼炖薏米"、"红焖脚鱼"和"脚鱼火锅"等，都是很值得一试的美食。

五、潮州筵席（中）

（一）第四道菜：豆酱焗蟹

（替换菜肴：花椒青蟹、生炊膏蟹、冻龙虾饭、红焖乌耳鳗、芝麻鱼膘）

20 世纪 90 年代，在豆酱焗蟹这道现代潮菜被林自然大师创制出来之前，那种蟹螯巨大、孔武有力的大雄青蟹甚少人问津。潮汕人普遍喜欢的还是红膏赤蟹，即卵巢饱满成熟、满腹橙红色脂膏的雌蟹。

豆酱焗蟹

虽然名列十大潮菜，真正能做到蟹香、蒜香和酱香这“三香”俱全的还不多见。（照片摄于汕头大林苑酒家）

那时潮汕人筵席上最有名的一道菜就是“生炊膏蟹”，而且从宰蟹、斩件、摆盘到配料都很有讲究，一看便知是出身名门还是野路子。比如每件蟹肉一定要连着一只蟹爪和一小团蟹膏，如果没连着蟹爪那肯定是宰蟹或斩件有问题。蟹螯除了要斩为两段，拍时还要做到壳破肉不烂，吃时不必动用蟹钳。配料则要用到肥肉丁、猪油、生抽、绍酒、姜米、浙醋等。

但一些懂食知味的人更愿意吃肉蟹而不吃膏蟹。他们认为生炊膏蟹其实中看不中吃，那些蒸熟了的蟹膏干硬得就像煮得过熟的蛋黄；至于蟹肉，因为营养都跑到红膏里面去了，肉质自然也好不到哪里去。在他们的眼里，将膏蟹斩块后煮成蟹粥算是勉强能吃出滋味，当然最好还是用来生腌做成咸膏蟹。这个道理就像最好的鱼卵应该腌制成鱼子酱而不是将它们煮熟了一样，也许只有这样才能够将红膏赤蟹的绝佳鲜味完美地表现出来，才不算浪费了膏蟹这种如此美好的食材。

在过去，能被食家看中的肉蟹只有“乌脐”和“粉公”两种。“乌脐”是未交配过的雌蟹，可称为“处女蟹”；“粉公”则是未交配过的雄蟹，可称为“处男蟹”。这两种肉蟹刚刚发育，个头都不大，肉质细嫩甘甜，膏质软滑清香。顶级的是那种内壳已成而外甲未脱的双壳蟹，这时蟹肉与蟹膏都达到生命周期的最顶峰，无论是跟大闸蟹一样整只蒸煮还是斩件后烹饪，都是绝佳的美味。

至于那种体型巨大的大雄青蟹，指的是栖息在盐度较高海域的野生公蟹，渔民捕鱼时偶然会捞到。这类青蟹俗称“硕牯”，甲宽 20 厘米左右，重达2 斤以上的在以前并不少见。家庭主妇一来不知道该如何料理，二来不敢随便将全家人的菜金押在一只螃蟹的身上，因而问津者自然不多。餐厅食肆虽有“生炊膏蟹”这道菜，但点大蟹的人也不多，原因是大蟹往往很难入味。据林自然大师说，豆酱焗蟹创制初期也是采用“乌脐”和“粉公”为原料，后来经一位食家建议才改用“硕牯”。现今随着豆酱焗蟹这道

生炊膏蟹

英国女作家扶霞·邓洛普在汕头建业酒家品尝潮菜名肴生炊膏蟹。

菜的名声日著，大雄青蟹的价格也逐日趋贵。

我是在 1997 年第一次吃到豆酱焗蟹这道菜的。当年林自然大师还没有像现在这样风光，只是在长平路开了家大排档，红焖猪脚也刚刚小有名气。那天同吃的还有书画名家郭莽园先生，我们当然点了豆酱焗蟹，吃后随即为其奇香美味所震撼。几年之后，我们共同发起创立了汕头市美食学会，林自然任主席，郭莽园和我担任副主席。套用语录句式就是：为了一个共同的美食目标，我们走到一起来了。

豆酱焗蟹这道菜看似容易实则难做，至于做到蟹香、蒜香和酱香“三香”俱全的还真不多见。福合埕阿鸿大排档一向以烹制海鲜出名，有一次我与上海大有轩的蔡昊一起去那里吃饭。阿鸿做了道豆酱焗蟹让我们品尝，饭局结束过来打招呼时还有些得意洋洋地询问好不好吃。蔡昊对他说“湿了”。阿鸿的表情“刷”地一变，随即竖起大拇指说：“高明！实在高明！”我向他介绍了蔡昊的身份，阿鸿又站起来施礼并连声说“请多多指教”。

阿鸿的豆酱焗蟹虽然做得很不错，但至少还存在三点不足：第一，选材不严。阿鸿用的是“乌脐”和“粉公”这种小肉蟹，蟹质虽佳却容易过火和咸身。第二，用料不足。阿鸿用蒜偏少，要蒜香浓郁，每次用蒜要 100 粒以上，而且要慢火热赤。第三，火工不够。豆酱焗蟹的“焗”，指的是用高温的油水混合蒸汽直接将生蟹块焗熟，假如油太多则近似“炸”，水太多则近似“煮”。蔡昊说阿鸿的焗蟹“湿了”，意思是水汽太重了，缺少了“焗”的味道，蟹的香气自然也就不足。至于市肆上大部分厨师做这道菜的时候，都是将蟹块先过软油，然后用豆酱汁翻炒，那已经不能算是在焗蟹而是在败坏这道菜的名声了。

接下来说说花椒青蟹。在所有的海鲜中，我认为与花椒最配的还是青蟹，当然龙虾或梭子蟹也很合味。所以如果你学会了花椒焗青蟹之后，对生炊龙虾或姜葱炒蠘吃腻了，也可以做成花椒焗龙虾或花椒焗蠘这样的创新菜式。与豆酱焗蟹比较，花椒焗青蟹显得很平民化。第一是选材用料不需要很讲究，几乎所有的甲壳类原料都适合用来做这道菜，但因为花椒的滋味与螃蟹的膏脂结合后能够产生诱人的奇香，所以还是建议尽可能选用膏肉饱满的好蟹。第二是因为花椒的味道浓烈刺激，只需少量即能产生浓烈的香味，不用像蒜头那样要放许

多才能吃出蒜香。第三是烹制方法简单易学，一讲就会。具体做法是先将不粘炒锅放精油烧热，葱段炒香后捞起，放少量（约 20 粒）花椒炒香后留于锅底并改小火。将切好的蟹块单层摆好，均匀浇上淡盐水后加盖，中小火焗 6 分钟至熟。开盖放炒香的葱段，同时将锅斜放，用汤匙舀出锅底油汁淋遍蟹肉，收汁后即可装盘食用。

冻龙虾饭与冻红蟹饭一样也属于代表性的潮菜，不过因为港式“潮州打冷”的推广，冻红蟹饭在外地的知名度似乎更高一些。而在潮汕本土，旧时龙虾属于不算太贵的海产品，特别是个头小些的龙虾仔，往往煮熟后与鱼饭一起卖，因而吃过的人反而多些。煮冻龙虾饭或冻红蟹饭有个诀窍：一是冷水时就要放入，让虾蟹们在温柔乡中不知不觉地死去，这样才不会脱脚并且能将虾尿放掉；二是煮熟后不要马上捞上来，要让水温退至室温后才取出。这时的虾蟹吸满了汤汁，吃起来才更鲜甜并且不会发干。只要掌握了方法，无论其他什么食材，比如被称为虾婆的琵琶虾，被称为虾姑的螳螂虾以及常见的对虾都能够如法炮制。

冻虾婆饭

虾婆又叫“琵琶虾”，价钱档次介于龙虾和沙虾之间。

红焖乌耳鳗和芝麻鱼鳔都属于经典老潮菜，分别代表潮菜“红焖”和“清焖”两种技法。红焖乌耳鳗要先将鳗鲡切成 6 厘米长段，蘸酱油、干粉油炸。潮菜烹饪技法对此称为“逢焖必炸”，目的是使原料定型不易碎，又有起焦增香吸附酱汁的作用。配料要用到蒜头、香菇、猪

红焖乌耳鳗

潮菜有“逢焖必炸”的说法。为了增加成菜的鲜味和香味，焖时还要加入香菇和猪肚肉。（照片提供：厦门嘉和潮苑大酒楼）

肚肉等，关键是用酱油上色，所以称为“红焖”。潮菜中还有红焖脚鱼、红焖海参等，做法配料均大同小异。

芝麻鱼鳔采用经过油炸或沙炸发制的鱼鳔，因为通常都是用品质较次的鱼胶为原料做成的，使用前除了要反复漂洗将剩油或残沙去除干净，还需用加有料酒和姜葱的开水捞焯一下去除异味。潮菜“清焖”技法的原料不需要再经油炸，也不加酱油，但为了增加成菜的鲜味和香味，通常要加入冬笋、虾米、肉片和芝麻酱。肉片通常需要先溜油，待鱼鳔焖至将熟时才加入并勾芡。用热砂发制的猪肉皮也可代替鱼鳔清焖，吃起来同样香鲜味浓，软滑可口。但如果原料采用海参，最好把猪肉改成鸡肉，把芝麻酱改成花生酱。很多食物都有自己的绝配，匹配对了，吃起来特别受用。

（二）第五道菜：生炊鲳鱼

（替换菜肴：干煎马鲛、乌鱼焖蒜、沙尖煮豆酱、魟鱼煮咸菜、沙虾炒吊瓜）

鲳鱼指银鲳科的鱼类，在潮汕常见的有四个品种：最高级的称为“斗鲳”，肉厚而脆，每条3斤至5斤重的并不少见，平日百几十元一斤，2011年春节期间每斤竟高达200元。其次是一种称为“杉鲳”的鲳鱼，鱼身和鱼尾都比斗鲳略长，肉质最为清甜。最常见的是称为“白鲳”的银鲳，肉质较嫩，价钱最低。还有一种叫“粉鲳”的鲳鱼，3两重的已算是大鱼了。别的鲳鱼要大条的才肉质结实好吃，但在小鲳鱼中反而要数粉鲳的肉质最好。另有一种乌鲳，属乌鲳科鱼类，以前价钱与银鲳接近，常用来腌制咸鱼，现在则比银鲳便宜很多。

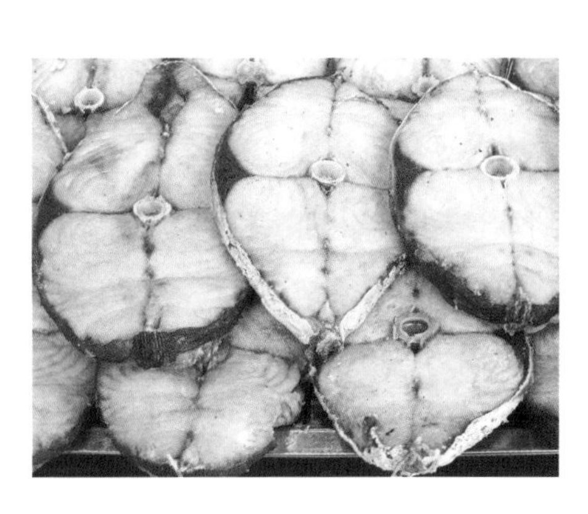

干煎马鲛

惠来县一带称干煎马鲛为“白鱼浮朥煎”。这种烹饪技法要先用大量猪油略炸，然后才用少量猪油干煎。

鲳鱼肉质嫩滑鲜美，骨少而软，是公认的“好鱼”，所以才有俗语“好鱼马鲛鲳”这种说法。在潮汕，马鲛和鲳鱼都是四时祭祀和宴饮聚餐常用的食材。因为经常连在一起叫，外地人还以为有一种叫“马鲛鲳”的鲳鱼呢。实际上马鲛鱼的中文名叫蓝点马鲛，体形类似金枪鱼但更狭长。南澳岛的海钓好手阿青2010年曾经钓过一条200斤的大马鲛，他说马鲛鱼的力气比金枪鱼还大。正宗的马鲛鱼体背呈蓝黑色，腹部呈白色，所以渔民又称其“白腹”、“白鱼”，以示与近种“竹筒鱼”的区别。马鲛的传统吃法是香煎，通常横切成近2厘米的厚块，用姜片和海盐稍腌，然后煎至两面金黄色即可。如果不经腌制而直接干煎，则肉质会变柴。煎时要多油并且用中火，鱼块定形之后倒去余油并改用小火，这是“干煎”烹饪技法的要诀。惠来县一带称干煎马鲛为“白鱼浮膀煎”，意思是要先用大量猪油略炸，然后才用少量猪油干煎。

蔡澜先生曾经在文章和电视中提到新加坡发记潮州酒楼的古法炊大鹰鲳，说配料用到番茄片、冬菇、咸菜和肥猪肉丝等，最绝的是将酸梅粒塞入片开的鱼肉中，鱼底又塞入两个汤匙，从而使大鱼在5分钟内就蒸熟了。这种大鹰鲳其实就是斗鲳。我曾问过发记的老板李长豪先生鱼是哪里产的，他说产于印度洋。现在很多外地的潮州菜馆每天都从潮汕本土批发食材，真希望他们能向李长豪先生学习，多用潮菜的饮食理念就地取材做菜。

生炊鲳鱼

新加坡发记潮州酒楼的古法炊大鹰鲳，将酸梅粒塞入片开的鱼肉中，鱼底又塞入两个汤匙，从而使大鱼在5分钟内就能蒸熟。

但是如果鱼的重量超过了2斤，不管是采用古法还是新法，我都是反对整条生炊的。像三斤多重的大斗鲳，通常我会沿鱼腹斜切，将鱼头和鱼腹用于生炊，确保3分钟内就能蒸熟，吃起来又脆又嫩。鱼背肉则斜切成长块用盐腌，然后干煎下酒；或者用青瓜上汤浸熟。不论多大的斗鲳，都能够一餐吃完。林自然大师有一味“上汤蒸斗鲳”，做法是将斗鲳肉斜切为每人一份，铺于黄瓜片上蒸熟，另用上汤调味后勾芡淋于蒸熟的鱼肉上。

乌鱼焖蒜

乌鱼焖蒜是一种寓意吉祥的民俗食物，煮时会将乌鱼略煎至金黄色，再放入青蒜和水焖熟，俗称“半煎煮”。（照片摄于汕头大林苑酒家）

乌鱼学名鲻鱼，虽然分为咸水的海乌和淡水的池乌两种，但其实鱼的种苗都来自海里。每年春天，当地的渔民都会在江海交汇的地方捕捞乌鱼苗，经过驯养之后才投放到淡水鱼池中养殖。潮汕俗谚又有“寒乌热鲈”的说法，每年冬季清理池塘之时正是乌鱼最肥美的时候。潮俗常将整条乌鱼带鳞蒸熟做成乌鱼饭，用于祭拜祖宗神明。这时节的乌鱼饭鳞下常聚集有很多黄色油脂，极其肥美；将乌鱼肉和乌鱼子佐以普宁豆酱，是很美味的食物。小的乌鱼则常用来焖煮青蒜，是一种寓意吉祥的民俗食物。煮时会将乌鱼略煎至金黄色，再放入青蒜和水焖熟，俗称“半煎煮”。

沙尖鱼分多鳞鱚和少鳞鱚两种，一般越新鲜，越近河口的鳞越多，大船拖网捕到的则大多是少鳞鱚。适合煮豆酱的为多鳞鱚，少鳞鱚则可腌制后香煎或煮成鱼饭。沙尖鱼肉质洁白鲜美，当地水产部门还常将其加工成鱼片净肉急冻后出口。潮汕近海有一种称为“油尖”的多鳞鱚，鱼身瘦长带淡黄色。用豆酱芹菜上汤鲜煮，如果火候控制准确，其肉质酥脆鲜甜，过火则软烂，味道与其他沙尖鱼无异。

淡甲鱼学名鲬鱼，粤港俗称“牛尾”，分为油甲和沙甲两种，油甲鱼鳞细小有光泽，肉质更为细腻。淡甲焖菜脯是潮菜名肴，做时有两点必须注意：第一，鲜活的淡甲鱼是不用也不能过油的，否则会失去鲜甜味。如果你吃到的淡甲鱼已被拉过软油，那么这种淡甲鱼十有八九是不太新鲜的。除了红焖或原料不新鲜，潮菜煮鱼都是不过油的，这是潮菜的重要特点之一。第二，菜脯需先煮出滋味才能放鱼。具体做法是炒锅放油加蒜头爆香待用，加切细的菜脯（萝卜干）条略炒后加清水，小火焖5分钟至出味，然后改中火，加入淡甲鱼块、蒜头、辣椒、胡椒、芹菜段和水，焖3分钟后调好味并收汁上碟。

还有一种俗称“鸡腿鱼”的廉价鱼，长相与鲬鱼有些相像但小很多，连上尾巴通常还不够一掌长，经常被用来做成鱼饭。鸡腿鱼的学名以前从未见任何资料记载，经过查考，我认为应该是棘鲬科棘鲬属的蓝氏棘鲬。这里补记一下，给后人做个参考。

魟鱼又叫鳐鱼，与鲨鱼同属软骨鱼纲。鱼翅中的沙翅和群翅，主要就是取自犁头鳐的尾鳍和背鳍。唐代韩愈初来潮州时，在《初南食贻元十八协律》中就这样说：“蒲鱼尾如蛇，口眼不相营。”这里的蒲鱼就是魟鱼。魟鱼因为贴着海底沙地生活，最终进化成口鼻生于腹部而眼睛却长在背上的怪模样。魟鱼还长着条像蛇一样长长的有毒尾刺，捕到后一定要小心防止被刺。潮汕有渔谚云：“一魟，二虎，三沙毛，四金古。”指的就是魟鱼、虎鱼、鳗鲶和金钱鱼这四种带锐刺能伤人的鱼类。魟鱼肉质稚嫩而且腥味重，最佳配料是潮州酸咸菜和酸梅汁，如果错用为菜脯就会不合味。很多食物都有最合适的搭配，例如，萝卜要配芹菜、菱角配葱花、莲藕配芫荽，高明的厨师，一定要不断摸索找到各种食物的绝配。在潮州菜系中，公认适合焖煮菜脯的鱼类除了淡甲鱼，还有石斑鱼、石角鱼、赤领（狼鰕虎鱼）、角鱼（魴鮄）、血鳗等；适合焖煮咸菜的鱼类除了魟鱼，还有麻鱼（海鳗鱼）、鲨鱼、沙毛鱼（鳗鲶）、三黎（斑鰶）等；另外适合焖煮贡菜（一种用芥菜制成的杂咸，主要调料有南姜和糖）的鱼类有午鱼（四指马鲅）、马鲛等；适合焖煮冬菜的鱼类则有佃鱼（龙头鱼）、鲳鱼、脚鱼等。

沙虾炒吊瓜

这是一款古老美味的传统菜。炒时要将鲜虾去壳留尾、片开去肠才能形成虾球。（照片提供：厦门嘉和潮苑大酒楼）

沙虾学名近缘新对虾，近种红脚沙芦虾学名刀额新对虾，都是潮汕最常见的经济虾类，有价钱便宜、肉质酥脆鲜甜等特点。最常见的吃法是白灼，这种吃法看似简单其实最考验食材的品质。比如人工养殖的虾灼后常会黑头，水域稍被柴油污染即会出现异味等。冻虾或死虾白灼后虾头还会脱离虾身，潮汕话称为“拉头沙虾”，常比喻或批评那些做事吊儿郎当的人。将沙虾去壳留尾煮菜脯汤，名为“龙舌凤尾汤”，既好听又美味；如果用来炒黄瓜片，就称为“沙虾炒吊瓜”或“吊瓜炒鲜虾”，也是一道很有名的潮州菜。有一首叫《正月桃花开》的潮州民谣，里面提到了很多古老的潮州食物，其中就有吊瓜炒鲜虾这道菜：“四月是立夏，娘哒有孕装做病；君哒问娘食乜物，要食吊瓜炒鲜虾。”

（三）第六道菜：护国菜羹

（替换菜肴：厚菇芥菜、玻璃白菜、八宝素菜、银鱼焖白菜、猪肉苦瓜煲）

护国菜羹又叫“护国菜”，原料常用番薯叶，也可用苋菜叶、通菜叶或厚合叶（君达菜叶）等。现代多用搅拌机将菜叶搅烂成泥，再用上汤和云腿等高级配料烹制，有些餐馆甚至用绿色的菜羹和白色的蟹肉羹做成太极图案，称为“太极护国菜羹”。护国菜羹的特别之处不在于滋味而在于下面两点：第一，凝固了中国古代“羹”的最典型的做法。第二，跟宋嫂鱼羹、宫保鸡丁之类的名菜一样有一个传奇性的典故。

在古代，羹是指用肉、菜加少量米或面煮成的薄糊状食物。羹主要是用来配饭的，《礼记·内则》说：“羹食，自诸侯以下至于庶人，无等。”意思是说：羹和饭都是日常的主要食物，无论是诸侯还是庶民大家都是这样吃的。传统护国菜羹遵循的正是这种古法，要将菜叶烫熟后略为剁碎，与配料同煮至将熟时加芡成为浓汤。有趣的是，每年正月初七潮汕人每家每户都要煮食的“七样羹”，虽然源于南北朝宗懔在《荆楚岁时记》中记载过的古代河南中州的“七样羹”习俗，食物也带有羹这种古称，但因为所做的杂菜汤最后没有勾糊，所以反而不像古代的羹菜。

有关护国菜羹的传说是这样的：南宋末年，宋帝昺流亡到潮州南澳岛时，当地人胡乱摘了些番薯叶煮成菜羹给他吃。宋帝昺吃后大为称赞，因而赐名“护国菜”，以期军民吃后解除饥渴，重振军威，保卫大宋江山。但由于在宋代番薯还未引进中国，有人据此怀疑传说的真实性。而我根据《宋史》等的记载和护国菜羹的烹饪特点，判断这一传说应该是可信的，不过护国菜的原始形态应该是野菜羹，番薯叶只是后世在传承中出现的代替物而已。

以护国菜羹为例，我们发现潮汕饮食文化中存在着一种很强烈的爱国主义情怀。著名的凤凰水仙，民间经常称为“鸟嘴茶”或“宋种茶”，传说宋帝昺南逃时路经凤凰山，喝了当地一种叶尖似鸲嘴的茶叶后随即解渴生津，后人因此才广为栽种。清顺治吴颖的《潮州府志》则记载：“中秋玩月，剥芋食，谓之‘剥鬼皮’。”民间还将吃芋头称为“食胡头”，反映了潮州人民对元朝统治者的痛恨和反抗。同样是芋，到了清代，又有讲述林则徐将滚烫却不会冒烟的热芋泥当成厉害武器，让洋人出尽洋相的故事。潮汕另一种很有名的民俗食物咸薄壳俗称“凤眼鲑”，同样也有相关的美食传说附会到明朝正德皇帝的身上。总之地处省尾国角的潮州，历史上有很多来自中原的移民和遗臣，他们喜欢怀念前朝的历史，更喜欢一边享受着美食，一边想象着如何去爱国。

护国菜羹

护国菜羹反映了潮汕饮食文化中存在着一种很强烈的爱国主义情怀。（照片提供：厦门嘉和潮苑大酒楼）

厚菇芥菜所用的芥菜又叫“潮州芥菜”、“包心芥菜”或“大菜”，带叶的时候状似椰菜。每年冬季，潮州人都会大量种植并用于腌制咸菜，鲜吃主要是做成厚菇芥菜煲。潮州人对芥菜是很看重的，旧时潮州女子如果想嫁个好丈夫，

厚菇芥菜

无论是厚菇大芥菜还是素菜荤做这种烹饪技巧，都堪称是潮式菜系的特色。

就会在春日悄悄跑到菜地里，坐在芥菜上面，口里默念：“坐大菜，明日选个好夫婿！”这就是当地有名的坐大菜习俗。如果某个人时运不济，也可以用“种大菜生姑蝇（一种病害），种地豆（花生）独粒仁”来形容厄运。

传统的厚菇芥菜做法很复杂，将芥菜心切为两半后要先过苏打水并经过油炸，然后加老母鸡、排骨、虾米、干贝、火腿和冬菇一起焗炖，入味后将炖料拣去，将炖好的芥菜心摆盘，用冬菇围边，原汁炖汤勾芡加包尾油后淋在芥菜心和冬菇上。有位老派厨师曾跟我说，要让芥菜吃起来无渣一定要先经过油炸。另一款潮菜名肴玻璃白菜，传统做法跟厚菇芥菜大同小异，白菜胆也需要经过油炸然后与老母鸡、排骨等同炖，完成后再将炖料捡去不用。

对于传统潮菜的一些饮食理念和烹饪技艺，我是主张要重新认识，取其精华去其糟粕的。以上面所举的厚菇芥菜和玻璃白菜为例，我认为可以也必须对烹饪过程进行一些改进：第一，可将炖料预先制成上汤。这样做不但免去将炖料与菜同炖又捡去的程序，还能更有效地提取炖料的营养成分，同时因为处理上汤时有除油和过滤的环节，成菜的汤水会更加清鲜，形状更加美观。第二，原料蔬菜不经过油炸。第三，不加包尾油。后两种改进主要是基于现代人崇尚清淡和健康的理念。我认为只要选取原料时讲究一些，芥菜去掉老硬的外叶，白菜只选鹅黄的嫩心，再经过适当的蒸煮，成菜同样能够嫩滑无渣，入口即化，不一定非炸不可。至于包尾油，只是为了成菜亮丽好看，有违健康和清淡的原则，清代美食家袁枚在《随园食单》中早已加以驳斥并主张废除了。

潮菜这种先加老母鸡和排骨等炖料入味，上菜时又将肉类弃去，使成菜见菜不见肉，看上去像是一道素菜，吃起来却是肉味香浓的做法，其实是一种很重要的饮食理念，称为“素菜荤做”。潮州人所谓的素菜并非斋素的食物，只是指看不见鱼肉类荤腥的食材而已。潮州人做菜，最讲究的是“有味者使之出，无味者使之入”。老母鸡和火腿都是“有味”的食物，芥菜和白菜则都是“无味”的食物，烹饪之道，就是使有味之物和无味之物共处一炉，损有余而补不足。

最著名的素菜荤做菜肴称为“八宝素菜”。八宝素菜要用到莲子、香菇、干草菇、冬笋、发菜、大白菜、腐枝、栗子总共 8 种植物性的

原料，按理成菜应该是斋素才对，但其实不然。根据传说，清康熙年间潮州开元寺曾举办过厨艺比试，意溪别峰寺的厨子深谙素菜荤做之道，懂得荤和素结合起来后味道将会更加鲜美浓郁，就事先用老母鸡、排骨、干贝、火腿等荤料（一说是用蛇肉）熬制出上汤，然后吸附在毛巾中躲过检查，做菜时才将毛巾的肉汤煮出并加到菜里。故事的结局当然是这个使用液体味精的厨子夺得了第一名。我认为八宝素菜的故事集中反映了潮州人这样一种饮食理想和追求：为了达到味的最高境界，敢于打破一切固有的界限和秩序，包括冒犯清净威严的佛门。

已故潮菜大师朱彪初曾将传统潮州菜中这类素菜荤做的菜肴称为“高级素菜”，潮汕人也不将其看成是普通的蔬菜而是视为高档的菜肴，比较著名的还有莲花豆腐、棋子豆腐、金钱冬瓜、绣球白菜、烟筒白菜、寸金白菜、鸡油白菜等，其他如虾米焖笋条、银鱼焖白菜、干贝焖萝卜，也都可以看成是素菜荤做的演变。

银鱼焖白菜

和虾米焖笋条、干贝焖萝卜一样，银鱼焖白菜可以看成是素菜荤做的变化。我自己觉得吃起来比玻璃白菜还美味。

有一句叫“乞食婆想食笋粿”的潮汕俗语，意思是“异想天开”。笋粿是潮汕的一种著名的小吃，粿皮用大米粉做成，粿馅主料是竹笋、虾米、猪肉和香菇。笋粿用料昂贵，味道鲜美，过去连普通百姓都不易吃到，哪有吃剩给乞食婆的道理？因为竹笋与虾米的组合堪称绝配，虾米焖笋条如果沿用粿馅的配方做出来肯定也是很合味的。但是，跟小吃的馅料相比，菜肴在色香味形各方面都更讲究。具体到虾米焖笋条这道菜肴，这些讲究包括：第一，选取鲜嫩竹笋中段，去笋皮后切成筷尾粗细约 5 厘米长的笋条，如切太细反倒没有口感。第二，同样为了成菜好看，猪肉只能先熬成上汤或与笋条同焖后捡去；或改用鸭汤或鸡汤焖熟。第三，为增加香味，虾米和香菇要浸泡过并用鸭油或鸡油炒香；成菜要勾薄芡。第四，为使颜色好看，上菜前可加入斜切的葱段。

最后要推荐的是猪肉苦瓜煲。这道菜近百年前胡朴安在《中华全国风俗志》已经有了记录，说苦瓜又叫君子菜，“盖因其味苦，但与猪肉共煮，则变其苦味，一似君子刻己而不苦人，故有君子之名。潮人甚嗜食之”。因食苦瓜而被看成是奇异食俗，说明在当时除了潮州人之外是很少有人嗜食苦瓜的。做猪肉苦瓜煲的要诀是将苦瓜与猪肉慢火煨熟。奇妙的是煨过猪肉的苦瓜苦味会减少，而煨过苦瓜的猪肉却一点都不苦，这也正是君子菜得名的原因。

猪肉苦瓜煲

近百年前胡朴安在《中华全国风俗志》已经记录了潮州人用猪肉煮苦瓜的食俗。（照片提供：上海大有轩酒家）

（四）第七道菜：油泡鲜鱿

（替换菜肴：草菇焗乳鸽、猪肉炒豆干、红烧松鱼头、咸鱼蒸肉饼、姜丝炒水鸡）

像鱿鱼这种韧中带脆而且极易过熟的原料，烹饪时是很讲究技巧的。这里推荐的油泡鲜鱿，技术特点突出，菜肴爽脆香滑，滋味浓郁，是很具代表性的潮州菜。做这道菜，有三个环节一定要处理好：一是原料的处理。鱿鱼剖开后要认准内里的那一面剞花，要先直刀后斜刀，刀纹要均匀，深浅要一致，然后改切成斜三角形的小块，这样受热之后就会形成美丽的麦穗状。如果认错了从外皮那一面下刀，鱿鱼块则不会卷曲只会变成难啃的洗衣板。二是要用摄氏 140 度左右的中温油将鱿鱼过油，这时要讲究火候，有七成熟时就要捞起沥油。三是勾芡翻炒要一气呵成。通常要事先将蒜粒炒至金黄色后，与红辣椒粒、鱼露、味精、麻油、生粉一起用水调成碗芡候用，鱿鱼沥油后随即落鼎翻炒，边炒边加入碗芡。对于油泡菜肴，要求是施芡后不能看见芡流。

潮汕出产的鱿鱼，主要分枪乌贼（鱿鱼），乌贼（墨斗、墨鱼）和拟乌贼（软匙）三大类。盛出时乌贼主要用来加工成鲞，也即潮州人所谓的“脯”，乌贼鲞叫“墨斗脯”、鱿鱼鲞叫“鱿鱼脯”。潮汕海域是我国乌贼类的主产区之一，产于本区海域的“本港鱿”和产于南澳岛的“宅鱿”在南北干货行档中赫赫有名。软匙是其中最高档的一类，外形不及鱿鱼瘦长也不像墨斗那样肥短。剖开之后，内壳没有墨斗的海螵蛸只有鱿鱼的透明薄片，所以应该将其归在鱿鱼一类中。在动物分一类中，墨鱼和鱿鱼虽然称鱼但其实非鱼，而与贝类同属软体动物门。只是大多数软体动物都有坚硬的外壳保护，墨鱼则退化成由肉膜包裹的内壳。

油泡鲜鱿

假如用“半示鱿”做的油泡鱿鱼，不但省去了过油的环节，吃起来还有一种黄金之味。（照片提供：厦门嘉和潮苑大酒楼）

另有一种俗称“半示鱿”的鱿鱼脯，捕获后在渔船上随即加工，但仅晒去一半水分。平时需冷冻存放，做菜时取出用冷水冲泡，外表即恢复至跟鲜鱿相差无几。用半示鱿做油泡时是无需过油的，剞花后直接施芡即成。不但如此，由于鱿鱼跟鲍鱼等食材一样属于地方志所说的“生食不及脯”，干品在晒制过程中会吸收日月的精华而产生一种黄金之味，这种滋味是用油炸或烧焗等烹饪手段无法达到的。

乌贼类还可以做成墨鱼生（刺身）生食。写此文当天我恰巧在菜市场上看见只活的乌贼，就买下来回家做成刺身。做的方法也很简单：取下乌贼肉后用纯净水洗净并用毛巾吸干水分，然后用干净的刀砧一片片割切下来。鲜活的乌贼肉质洁白半透明，蘸酱油芥辣同吃，其鲜甜软糯又非白灼或油泡能比拟的。

2010 年春节前夕，香港亚视著名主持人黄丽梅来汕头拍摄美食节目，我设家宴推介潮菜，其中就有一款是草菇㷫乳鸽。我选择这道菜有两个理由：第一，这是一道传统的潮州菜，而我想以这道菜为例来表达现代潮菜更健康更科学的饮食理念；第二，炸乳鸽是粤港很流行的菜肴，我想亚视的电视观众也同样会有兴趣了解其他菜系的乳鸽菜。而且之前我在香港出版的《潮州帮口》也曾推荐过林自然大师首创的花雕乳鸽，他们对潮式的卤味乳鸽已有一定的认识了。

草菇焗乳鸽

传统做法要将干草菇水发后与乳鸽一起油炸。（照片提供：厦门嘉和潮苑大酒楼）

乳鸽是指孵化出壳到断乳离巢近一月龄的雏鸽，此期间的乳鸽完全靠亲鸽哺育，肉质细嫩。用来做菜的乳鸽以12至25天为佳，天数越少个头越小，但肉质越嫩。潮菜中还有“鸽吞翅”或“金针乳鸽”这样的名贵乳鸽菜，做法是将鱼翅塞进去骨的乳鸽（所谓荷包鸽）中，为使翅针显得更多，厨师多数会选用12天以内的妙龄乳鸽。但专吃鸽肉的，如本例的草菇焗乳鸽，最好是选用25天左右较大只的乳鸽。传统做法要将乳鸽和草菇在热油中略炸，然后加入姜、葱、黄酒、二汤、酱油等用文火焖烂，斩件摆盘后将余汁勾芡淋在鸽身上。我对这道菜的改进主要是不经油炸，将乳鸽过水后像浸鸡一样在浸汁中浸熟。浸汁同样包括草菇、姜、葱、黄酒、二汤、酱油等，只是增加了少量的花椒和桂皮。之后将乳鸽切件装盘，另将草菇取出放入鸽身并淋上少量浸汁即成。

猪肉炒豆干是一味潮汕家常菜，价廉而物美。旧时潮汕的儿童第一天上学都要吃炒豆干，寓意长大能够当官（在潮州汕话中，“干”与“官”同音）。有时小孩哭闹，旁边的孩子们就会边刮腮帮羞他边唱道：“油啊油，豆干炒豉油；吼啊吼，豆干炒墨斗。”这炒豆干掌握了技巧，家常的甚至比酒家做的还好吃。原因是家

猪肉炒豆干

一种美味健康的家常菜。（照片提供：汕头大林苑酒家）

常都是用中慢火煎豆干，一面煎至金黄色再翻过来煎另一面，然后盛起，放入青蒜、红辣椒片略炒，再放入猪肉片，将熟时重新放入煎好的豆干并淋上豉油，炒匀后即可装碟。酒家为了图方便，常用很多油事先将豆干炸黄，然后盛放起来，有客人点菜时才拿出来与肉片同炒。家常油煎的豆干只是上下两面金黄酥香，其余部分仍然清鲜滑嫩，而且即煎即炒，口感当然要比酒家的干硬油炸豆干好。

红烧松鱼头的松鱼指的是鳙鱼，俗称“大头鱼”。传统上做这道菜一定要配芋头，如无芋头可改为豆腐。做这道菜时要选无腥土味的原料并将鱼头和芋头炸过或煎过，接着在深底砂锅中将姜片、蒜头、香菇炒香，放入鱼头、芋头、生抽和二汤同焖至汤汁变浓，然后调味、勾芡并将汤汁舀起淋在鱼头上，上菜前撒上芹菜粒即成。此菜色泽金黄，鱼头鲜香嫩滑、芋香浓郁，是常见的大众化菜式。调味时，如果加入浙醋或南乳汁，则又别有一番风味。

红烧松鱼头

此菜色泽金黄，鱼头鲜香嫩滑、芋香浓郁，是常见的大众化菜式。（照片提供：汕头大林苑酒家）

咸鱼蒸肉饼最好不用实肉咸鱼而用霉香咸鱼。霉香咸鱼肉质松化，煎烙时隔着两条巷子都能闻到那种奇香异味。潮汕出产的咸鱼非常出名，1930 年，毛泽东同志在《寻乌调查》中就曾提到海乌头、海鲈、剥皮鱼、石头鱼、金瓜子、黄鱼、金线鱼、圆鲫子、大眼鲢等十多种咸鱼，说它们“一概从潮汕来”。用咸鱼蒸肉，肉要选肥瘦对半的猪夹心肉，先切片后用刀背捶成茸泥，用少量酱油、味精、淀粉和胡椒粉搅匀后压成圆饼状，咸鱼切成薄块放肉饼上面蒸 10 分钟即成。正如潮汕俗语“咸鱼配饭真正芳”所说，咸鱼蒸肉饼滋味浓郁，咸鲜嫩滑，是下饭的美味佳肴。

潮州人将青蛙称为“水鸡”，大概是因为青蛙肉质鲜甜如鸡而又生长在水边的缘故吧。朱彪初《潮州菜谱》共记录潮州菜 123 款，其中水鸡菜肴就有 5 种，分别是炊水晶田鸡、玉簪田鸡腿、红焖田鸡、油泡田鸡腿和清汤田鸡豆，说明潮州人还是很喜欢吃水鸡的。潮州人吃水鸡可考的历史很长，一千多年前，韩愈初莅潮州时就在《答柳柳州食虾蟆》中对柳宗元说：潮州青蛙的叫声真噪人（“鸣声相呼和，无理只取闹”），让人食不下咽（“余初不下喉，近亦能稍稍”）。这也是成语“无理取闹”的出处。我自己试过很多种水鸡菜，认为水鸡的绝佳配料应该是稚姜，因此向大家推荐姜丝炒水鸡这道老潮菜。做法是将水鸡剥皮切块，皮和肚另用海盐捏洗干净，然后起油锅，先热蒜头后加入大量稚姜丝同炒，出味后下水鸡皮略爆，再下水鸡肉、水鸡肚、红辣椒丝、胡椒粉、花雕酒、生抽、味精，将熟时加入青葱段。因为水鸡皮焖炒时会产生胶质，甚至不用勾芡即可装盘上菜。

（五）第八道菜：清汤鱼丸

（替换菜肴：牛肉丸汤、猪肚咸菜汤、佃鱼紫菜汤、车白汤、柠檬炖鸭、鱿脯萝卜汤）

潮汕的鱼丸和牛肉丸都很出名，但际遇各不相同。潮汕鱼丸能够堂而皇之地在正式的筵席上出现，而牛肉丸则只能出现在爱好者的餐桌上。这种食俗的出现，与潮汕人对佛教的信仰有极大的关系。汉传佛教视杀生为大戒条，不仅是牛肉，其他有情众生也是不允许吃的。而宗族的祭祀和食桌，或多或少都与佛教信仰有关，这就限制了牛肉及其制品的出现。但是，牛肉作为一种全世界的人都爱吃的主要肉食，牛肉丸又是潮汕著名的美食之一，我还是要在这里向读者推荐。

清汤鱼丸

潮汕鱼丸以鲜甜和弹牙著称，网络甚至流传有“日啖鱼丸三百颗”这种用苏东坡咏荔诗改写的山寨诗句，让人听后忍俊不禁。

传奇美食潮汕牛肉丸出现的历史至今不足百年，起源有客家说和原创说两种。旧汕头的确有不少牛肉丸摊档的经营者是客家人，但其实潮州人也不少，而且客家人都将“牛肉丸”称为“牛肉圆”，做法也与潮汕牛肉丸相差甚大。我经过多方考察，认为潮汕牛肉丸与潮汕鱼丸的渊源更深，两者在制作工艺上是一脉相承的。以往人们大多只注意牛肉丸制作过程中手工用钝器捶击肉酱的壮观场面，而忽视了后期用手搅拍肉酱成为胶状物的细节。在我看来，正如鱼丸的肉茸可以采用机械榨取一样，牛肉丸捶肉成酱的过程也是可以通过机械改进的，不一定非用手工捶打不可。制作牛肉丸的关键环节在于前期的原料选择和后期对肉酱的手工拍打。原料选择主要是指挑选牛肉的部位，要选用肉质坚实柔韧的后腿包肉，还要整片而不能切碎去捶烂，这样做成的丸子才富有弹性，脆嫩可口。后期手工拍打将已加入配料的牛肉酱拍打成胶状物。配料的成分和胶状物的稀薄浓稠与肉丸的最终口感有极大的关系，市场上甚至还存在硬浆和软浆两种很不同的风格。同样是名店，飞厦老二与华坞三兄弟的牛肉丸属于硬浆，吃起来肉质密实有嚼头；南海老四和车管斜对面明记的牛肉丸却属于软浆，肉质松软，口感脆嫩。

牛肉丸汤

牛肉丸与鱼丸在制作工艺上一脉相承，好的牛肉丸质地脆嫩，充满肉香。

潮汕鱼丸要用海水鱼而不能以淡水鱼为原料，这是第一大特色。如果有奸商偷偷收购草鱼等淡水鱼肉去加工，如被人知晓今后他的生意就会做不成。制鱼丸的原料第一要白肉鱼，像巴浪之类的红肉鱼是不能用来打鱼丸的；第二肉质要较坚韧，佃鱼（龙头鱼）虽然肉质洁白，但太过水嫩，同样是不能用来打鱼丸的。最常见的原料鱼有那哥（蛇鲻鱼）、鳗鱼和淡甲（鳊鱼）等。做法是先刮取肉茸，置于浅底的

木桶中，加入味精和蛋清（硬浆的多数加了淀粉），然后用手猛力拍打，边拍打边加入盐水，这个过程叫“打鱼丸”。直打到鱼茸起胶，粘在手底不易坠下，放入冷水中能浮起为止。接着开始挤丸，要将鱼胶从虎口手缝中挤出成为圆珠状，落入烫手的清水中定型，最后或煮熟或以生丸出售。

煮鱼丸汤也有不少讲究：一是鱼丸不能煮久，以刚熟为好；二是汤水要清鲜。调料只加鱼露和味精，然后用筷头沾一点猪油使汤面产生少许油花。配料可加紫菜、绿豆芽或生菜，紫菜要先用火焙或油炸，豆芽要洗净去头，生菜不能煮只能放汤碗中，鱼丸汤煮熟后淋落即成。潮汕鱼丸颜色洁白、幼滑爽口、汤清味鲜，是很有名的食物。常见的同类汤料还有墨斗丸、虾丸、鱼册、鱼饺、鱼饼等，每一种都很鲜嫩甜美。

桌席间出现的这种清汤和工夫茶，往往被认为是潮汕筵席的重要特色。客观地说，清汤和工夫茶的确能够起到消解肥腻和调剂味觉的作用。但懂茶的人都知道，工夫茶的茶性高洁孤静，需慢斟细品，更忌与菜肴或茶点同时进食。然而，餐桌间出现的工夫茶几乎都不用好茶叶冲泡，只要将其看成是普通的茶水也就宽怀了。

猛然一看，猪肠咸菜与猪肚咸菜都是以猪内脏为原料，经清洗煮熟后同样都要加入潮汕咸菜。但两者还是有区别的，一般来说只有猪肚才会加入胡椒，而且做法极讲究，胡椒要现炒现舂，然后倒进洗净的猪肚里面，将开口用纱线或竹签缝紧，使其在慢炖的过程中让胡椒的滋味渗入猪肚的肉质之中。我是偶然之间发现猪肠和猪肚的做法存在这种差异的，后来仔细一想才明白过来：猪肚炖胡椒必然是一道很古老的菜肴，在发明这道菜式的年代里胡椒肯定很昂贵。因为胡椒去湿暖胃的功效必须与同样具有补胃作用的食物搭配，按照自古以来就流传的“以形补形”的食疗原理，这种食物非常自然地非猪肚莫属了。而猪肠特别是大肠虽然很美味，肉质口感不比猪肚差，但毕竟是下贱之物，是无缘与胡椒攀亲结缘的。这样代代相传下来，就形成了只有猪肚才能与胡椒搭配的食俗。而食俗一旦形成，一般很难改变，这也是在胡椒变得非常便宜的今天却仍然不见大肠炖胡椒的原因。

不久前，我在市场上花 50 元买了个猪肚，在肉贩帮我冲洗的时候，我看见肉案上还有段大肠，便一起买了，记得只花了 9 元钱。回家后我将大肠和猪肚一起炖了胡椒，吃的时候就产生了上面那些想法。在此之前，我也经常用猪大肠做菜，或卤制，或做成猪肠咸菜。林自然大师做猪肠咸菜汤时，最后用白醋调味，但我从来只用梅汁调味。我觉得用梅汁味道更加浓郁，但是之前从来没有想过用胡椒调味，我想这应该就是思维的惰性。

猪肠咸菜汤

猪肠咸菜汤与猪肚胡椒汤一样是很古老的菜肴，可能产生于胡椒很昂贵的年代。

佃鱼的中文名为龙头鱼，原本是一种很便宜的鱼类，但现在身价日高。潮汕本港有一种“乌须佃”，以鱼鳍黑色得名，品质超群，市价每斤已近20元。佃鱼含水量极高，地方旧志说其“身柔骨软”，因而又被称为“豆腐鱼”。潮俗烹制之前常将佃鱼用鱼露略为浸泡，使其脱水硬身入味，然后与肉脞（末）、冬菜同煮。这种煮法明显是冲着那个“鲜”字而来，即用猪肉代羊肉，让肉类与鱼类一起产生鲜甜的味道。潮菜中有很多海鲜菜都要用到肉脞或五花肉，如本例的“佃鱼紫菜汤”和“咸菜车白汤”、“肉脞佃鱼粉丝煲”、“蚝仔肉脞紫菜汤”等。潮阳海门一带经常将小石斑、鳗堤（裸胸鳝）等鱼类与五花肉、酸梅汁煮成汤菜，吃起来也极其鲜甜美味。潮汕这种将鱼与肉同煮的饮食习俗是怎样来的至今仍然是个谜，但有一点是肯定的，这种食俗流传广泛，上至职业厨师下至家庭主妇，大家都懂得这样搭配并且都是这样做菜。这种食俗最终还使潮菜赢得了“善于烹制海鲜”和“善于制汤”的好名声。

在海鲜汤中加入紫菜或咸菜，也是潮菜常见的做法。紫菜在20世纪70年代以前还都是依靠野生，清乾隆《南澳志》说紫菜“名紫可为羹”，说明紫菜自古以来主要还是用来做羹汤的。过去潮汕人食紫菜也有特定的习俗，要将紫菜在木炭炉上烤焙一下，边烤边拍，将紫菜中可能夹杂的贝壳碎和细沙粒拍掉。紫菜经过烘烤之后，会由黑褐色变成深绿色，撕成小块放进调好味的汤里，紫菜特有的鲜甜焦香味马上就会散发出来，原先硬韧难嚼的紫菜也变得脆嫩鲜香。我看过一些教食紫菜的菜谱，说什么做紫菜汤时要将紫菜先浸泡水发。在一些旅游餐中经常见到的紫菜蛋花汤，很可能就是学了这种做法，结果汤都变成紫红了，紫菜全无口感而且带有腥味。真希望那些厨师能学一学潮汕人做紫菜汤的方法，不要让游客老是吃垃圾食物。

车白即车螯或文蛤，是一种很出名的蛤蜊，素有天下第一鲜之誉。相传南北朝的梁元帝萧绎曾说过“车螯味高”，元代大画家倪瓒在《云林堂饮食制度集》中有“新法蛤蜊”，说当时的苏菜厨师在烹制蛤蜊时会收集浆液。潮州人做车白汤，在生擘开车白时也会将浆液澄清去沙后留用。煮时将潮汕酸咸菜切成丝或薄片，与肉脞一起先煮出味，接着加入车白浆液并调味，最后才下擘开的车白。我曾创制过一道奇香车白汤，做法是先用清水煮车白，人在旁边守着，待车白一开即捞起，确保肉质鲜嫩。煮车白的汤液澄清过滤后与肉汤同比例加入煮开，调好味后加入已煮开的车白和新鲜金不换即成。金不换又称“九层塔”，为唇形科罗勒属植物。金不换在潮菜中使用普遍，乡村的庭院或厝角墙头多有种植，炒薄壳（五彩短齿蛤）时，如果不加金不换就不能称为“潮菜”。我在筵席临近尾声时上这道金不换车白汤，主要是用来醒酒解渴和激活味觉。

柠檬炖鸭也是一款传统潮菜，最适合夏日享用。只是所用并非是新鲜的柠檬，而是腌制的咸柠檬，潮汕俗称“南檬”。这种当地产的土柠檬果实接近圆形，果肉味道既酸又苦不堪生食，但用盐水腌制后却是上佳的调味料。使用时很有讲究，一定要将咸柠檬去核后才能放入汤内，否则味苦。柠檬炖鸭所用的鸭最好是老鸭，而且宰杀时要去毛不能剥皮，否则缺少

柠檬炖鸭

用俗称“南檬”的土柠檬炖鸭，会产生一种独特的味道。

肥腻甘香。潮汕俗语“稚鸡硕鹅老鸭母”中的老鸭母，指的就是这种能拔毛的老鸭。

有几种食材与萝卜天生是绝配，它们是鱿鱼脯、干贝、河豚干、排骨和芹菜。做萝卜汤时可以在鱿鱼脯、干贝、河豚干三种食材中任选一种，排骨也可改用上汤，芹菜属于提香增色的配料，要去叶留茎切成珠状碎段，俗称芹菜珠，并且要熄火离炉后才能下。三种食材的处理方式各不相同，鱿鱼脯要用冷水浸泡 5 小时以上（如用半示鱿则不用），然后剞花切小块。干贝用清水和料酒浸没，上笼蒸 20 分钟即能发透。海边乡村的河豚干做法是与排骨、萝卜块和清水混合一大锅，然后高压半小时成为乳白色浓汤，但这样汤中会残留下河豚干的骨碎和皮下芒刺，而且河豚干肉变得完全没有滋味。改进方法是将河豚干在水中浸泡 10 分钟，然后撕下鱼肉，与去除芒刺的鱼皮一起泡水待用，鱼骨用清水煮 10 分钟后过滤。萝卜去皮后又可以处理成块、条、丝等形状，萝卜丝易熟也最能吸收滋味。各种食材准备好之后就可开始烹饪了。以鱿脯萝卜汤来说吧，先将萝卜丝与浸泡鱿鱼脯的汁液、上汤一起用中慢火煮 10 分钟，调味后加入浸发好的鱿鱼块和芹菜珠即成。

六、潮州筵席（下）

（一）第九道菜：生腌咸蟹

（替换菜肴：生腌咸蠘、生腌血蚶、腌咸蚝仔、腌黄泥螺、腌咸尔醢）

美食圈内的人都将生腌咸蟹戏称为“毒药”，意思是越吃越想吃，越吃越上瘾。“毒药”一出，谁与争锋？所以生腌的食物都应该留到最后才上桌。但到酒楼吃饭，经常是生腌食物要比熟菜先上来，这时我总是让服务生将咸蟹拿走放在一边。因为一旦吃过生腌咸蟹之后，即使是山珍海味，即使厨师的技艺再高，火候拿捏再准，所有煮熟的菜肴都会变得索然无味。更广泛一点说吧，饮食这东西就像打仗一样需要讲究排兵布阵，做什么菜只是完成了其中的一部分，菜与菜之间的搭配和上菜的次序有时比做菜更重要。潮汕俗语“鱼肉菜甲”其实也可用来比喻筵席上菜式之间的搭配，只有将鱼与肉、肥与瘦、主与次、冷与热、菜与汤、荤与素、咸与甜、酒与菜等搭配好了，才能让人吃出美味。有些酒楼的菜虽然做得不错，但不能给人留下很深的印

美女爱腌蟹

包括香港亚视著名主持人黄丽梅在内，很多人都喜欢我腌制的大闸蟹，认为实在太美味了！

象，可能原因就在此吧！

潮州人将生腌海鲜当成至味，在清代的地方志书中多有记载，如乾隆《潮州府志》就说："所食大半取于海族，故蚝生、鱼生、虾生之类，辄为至味。然烹鱼不去血，食蛙兼啖皮……尚承蛮徼遗俗。"而腌制的方法，多数沿用宋代的洗手蟹制法。

根据宋人孟元老《东京梦华录》所记，做洗手蟹时要先把活蟹洗净剁开，加盐、酒、生姜、陈皮、花椒等调味料腌渍而成。因为"盥手毕，即可食"，所以称为"洗手蟹"。大约是食客点好菜上完厕所后，厨师便已经将腌蟹做好并拿到桌上来了。洗手蟹在宋代可是一道风靡的大众美味，据《东京梦华录》记载，在北宋汴梁（今开封）的大小饭馆里都有供应，食客落座，随点随吃，一尝活蟹的肥美。

潮汕人也经常像宋朝人一样生吃螃蟹，他们将螃蟹剁开后即腌即食，常用腌料有蒜头、辣椒、芫荽、白酒、酱油、香油、味精等，但这种吃法只限于"蠘"类。潮州人将海里生长的梭子蟹都叫"蠘"，常见的有"三目蠘"（红星梭子蟹）、"花蠘"（三疣梭子蟹）、"青蠘"（远海梭子蟹）、冬蠘和瘪蠘等。清光绪《揭阳县正续志》中记载蠘"肉白膏赤，味不亚于蟹，作醢也佳，有冬蠘、花蠘……皆蟹类"。

对于生长于淡水或咸淡水之交的蟹类，比如瘪蟹（拔蟹）、蟛蜞、毛蟹和青蟹，潮州人因见其常食污泥中的腐物，倒也不敢放胆生吃，而需要经过较长时间的腌制。对此，嘉庆《澄海县志》中记载："拔蟹、蟛蜞同类。拔蟹形方而扁，蟛蜞形尖长而厚，脚有红白二种，且多毛。然皆不宜生食，腌食以代园蔬，膏颇似蟹。"

生腌咸蟹（组图1）

腌咸蟹（蠘）就像生牡蛎或生鱼片，爱者极爱，以为至味，甚至将煮熟的蟹都看成凡物。

历史上汉族生吃螃蟹的食俗，直到宋代仍然很流行，但这种食俗大约到明清的时候就消失了，只是在潮汕和宁波等个别地方仍以一种残余的形态继续存在。后来的人不吃生蟹，可能是害怕引起疾病。潮州人则对腌制办法进行了改良，又继续生吃。

我腌咸蟹，每次都要先用清水将蟹的泥污清洗干净，接着浸泡在饱和食盐水中，让它们挣扎吐污至死。一般来说，无论什么蟹，浓盐水中浸泡4个小时之后都会死，肚内的脏东西也吐得差不多了。这时可解开缚蟹草或网兜，逐只洗刷干净，连肚脐里的蟹屎都要挤压出来冲掉。

生腌咸蟹（组图2）

蟹味浓而腥，所以最好是用酱油腌制。我常用的腌料包括：蒜头、花椒、辣椒、芫荽头、几片香叶、一小匙白糖、少量XO白兰地，后两种配料是受唐代的糖蟹和糟蟹启发而加的。要将第一步已处理干净的螃蟹浸泡在酱油腌料中，腌制时间依蟹种和大小而异，一般来说，红膏赤蟹（青蟹的一种）需要腌制20个小时以上，毛绒蟹（大闸蟹）腌15个小时，小瘪蟹则只需腌10个小时。只有用大量的腌料和较长时间的腌制，生蟹体内的细菌才会彻底死亡，这时蟹膏开始变硬黏牙，吃起来满口鲜香。

腌制时间一到就要及时将咸蟹捞起，以免太咸或时间太过而变质（潮州人称为“涝肉”），然后用保鲜袋分装，放入冰箱冷冻。在现代，冷冻已经成为腌蟹新增的一个重要技术环节，一是增加了一道杀菌的程序，二是方便随时取出食用，三是改善了腌蟹的风味和口感。以前的腌蟹为了能保存较久，往往腌得很咸。有了冷冻技术

生腌咸虾

通常选用野生硬壳海虾腌制，口感好，卫生而且便宜。（照片提供：汕头大林苑酒家）

之后，我们就能依照需要控制咸度，更重要的是，带冰切块的腌蟹还能够明显提升口感。

有些食材，比如腌咸血蚶，如果腌久了反而会脱水变韧。做法只需跟平常烫蚶一样用开水将蚶略烫，剥开后将没蚶肉的那面蚶壳丢弃，这样剥至满盘之后，淋上用酱油、蒜泥做成的腌料即成。至于活蹦乱跳的野生沙芦虾和九节虾，大只的可用冰块镇晕后剥壳去肠做成虾生，个头较小的则加酒后做成醉虾或白灼熟食。只有一些档次转低的虾类如厚壳虾（赤虾）、黄虾（周氏新对虾）、虾姑等，才会用来腌食。腌制的方法，最常见的是用蒜头、芫荽、红辣椒、酱油、味精和香油这6种配料做成腌料，但配方根据不同的食材需要进行调整变化。比如腌制蚝仔和黄泥螺时，通常还会加入一些炒熟的黄豆，以增加一种咸香的味道。以前市场上还有卖一种渔民腌制的咸虾，原料通常是拖网捕到的硬壳红虾，腌制方法估计跟古法腌咸鱼差不多，什么腌料都不加，只是埋在粗盐堆里，几天后翻出来，又咸又脆，鲜味十足。因为太咸，吃时不能拌常见的辣椒醋，而要用新榨的花生油为作料，不为别的，只为让舌头上覆盖一层油脂，使咀嚼时吃不出咸味。

咸尔醢指腌制的小鱿鱼，这个“醢”字潮汕俗字通常写成“鲑”。腌咸尔醢需要比较专门的技术和环境，家庭很难腌制。原因是跟咸虾醢（虾酱）或霉香咸鱼一样，要选用不太新鲜的原料，还要分多次加盐，再经过日晒，这样做出来才会醢味十足。如果一次将盐加足，小鱿鱼因为突然脱水会变得硬韧难啃。还有一种加工墨鱼脯或鱿鱼脯的副产品墨斗卵，古人称为“鲢鲼”，山东人称为“乌鱼蛋”，也可用盐腌，成为能存放较长时间的咸墨斗卵。咸墨斗卵和咸尔醢因为太咸很难直接食用，但将其切碎后和在肉臊中，加上葱白、红辣椒丝、姜末、香油、鸡蛋清、生粉等配料，然后大火蒸成肉饼，就变成一款很传统的潮

咸墨斗卵

咸墨斗卵与咸尔醢（小鱿鱼）通称“尔醢”，可拌蒜醋生吃，也可与煎蛋或肉臊一起蒸成肉饼。

式菜肴，在筵席接近尾声时上桌，无论是下酒还是拌粥都特别煞嘴。

（二）第十道菜：清炒芥蓝

（替换菜肴：春菜煲、七样羹、豆干炒韭菜、清炒香菜、豆酱炒麻叶）

芥蓝原产我国南方，具体地点虽难确定，但肯定与广东有关。苏轼贬居惠州时在《雨后行菜圃》中写道："芥蓝如菌蕈，脆美牙颊响。"说芥蓝与菇菌一样鲜美脆香。传说当年丁日昌任上海道台时特地从家乡揭阳带去种子，上海人民为纪念他便将芥蓝称为丁公菜。在潮汕，芥蓝被公认是最好的蔬菜，潮谚这样说："好鱼马鲛鲳，好菜芥蓝样（花苔）。"潮汕几乎每县每乡都出产好芥蓝，但出名的大概要数潮州府城的城花芥蓝、揭阳棉湖的红脚芥蓝和揭阳砲台的桃山芥蓝三种了，其中城花芥蓝以稚嫩清甜著称，红脚芥蓝以茎红味浓闻名，桃山芥蓝则因民间传说传世。砲台历史上是有名的厨师之乡，古时有个桃山女子嫁到外地给人当新妇（媳妇），下厨房爆炒芥蓝，一出手就是厚膀（猪油）、猛火、芳臊汤（鱼露）加上洒水四招，噼啪作响的炒菜声竟然将大家（婆婆）当场惊吓致死。这就是"桃山新妇惊死大家"的传说。

鲽脯炒芥蓝

用鲽脯来炒芥蓝能产生特别的肥香。（詹畅轩摄于汕头建业酒家）

桃山新妇炒芥蓝的方法也是潮汕人炒芥蓝的方法。从中可以看出，潮州菜有很独特的烹饪技法和饮食理念。潮州人炒蔬菜极少飞水，喜欢用猪油爆炒，调味料少用蚝油而多用鱼露，目的是使煸炒出来的蔬菜更加入味更加酥脆。有时为了使芥蓝的味道更加浓郁，还会用朥粕或鲽鱼干一起炒。朥粕就是猪油渣，本是废弃之物，在物资紧张的年代常被用来代替油脂，从而出现了“朥粕炒芥蓝”和“朥粕糜（粥）”两道名食。但现代用来炒菜的朥粕，大多是用新鲜的肥肉爇成，然后与猪油一起炒菜以产生特别的肥香。鲽鱼又称“方鱼”或“大地鱼”，晒干后经油炸味道浓郁，是一道著名的调味料，在潮菜中用途甚广。将鲽脯肉油炸后与芥蓝同炒，芥蓝会更加青翠，多出一种“横味”。

春菜其实是芥菜的一种，长汀等一些客区也用它来晒霉菜，但因为潮州人经常吃春菜，外地人就以为春菜是潮汕的特产了。潮汕人吃春菜最多的时节是岁末年初，这个时节正是春菜盛出和潮汕人拜神祭祖的旺季，他们喜欢将煮猪肉和鸡鸭等供品的肉汤用来煮春菜。通常会将整筐的春菜用蒜头和姜片炒软之后加入肉汤，煮熟后就盛放在大陶钵中，在随后的好几天内不断将这些春菜重新煮开来吃。这种不断翻火重煮的烹饪方法潮俗称为“炣”。现代潮菜馆常见的“春菜煲”就源于“炣春菜”，只是菜馆为了卖高价钱，往往会加入排骨、咸猪骨、螺头、虾米、鱿鱼干、花蛤肉、香菇等物料。其实好吃的春菜煲，有一些肉汤就足够了，这道菜的最高境界应该是素菜荤做，调味料用普宁豆酱似乎比鱼露更美味。

春菜煲

这道菜的最高境界是素菜荤做，见菜不见肉，调味料用普宁豆酱。

七样羹是春天的美食，潮汕人吃七样羹的习俗年代久远，可以追溯至南北朝。根据宗懔《荆楚岁时记》的记载，当时河南中州也流行这种习俗：“正月七日为人日，以七种菜为羹。”每年农历正月初七，先祖大多来自河南的潮汕人都要吃七样羹，那情形简直就像过一个隆重的蔬菜节。每家每户都要到菜市场购买七种蔬菜煮食，这七种蔬菜通常指：大菜（芥菜）、厚合（莙达菜）、芹菜、青蒜、春菜、韭菜和芥蓝，可供选择的其他品种还有白菜、豆生（芽）、菠菜、油菜、萝卜等，实际上只要有吉祥的谐音或意义的蔬菜都可以任意选择组合，比如大菜即大财、厚合为好合和希望有人提携栽培、芹菜比喻勤劳、蒜仔让人精于打算和有钱劝（储蓄）、春菜象征新春、韭菜使人幸福长久并且寓意仕途发达、芥蓝谐音合各人，等等。民谣还这样唱："七样羹，七样羹，大人吃了变后生（年轻），奴仔（小孩）吃了变红芽（面色红润），姿娘仔吃了如抛（朵）花。"无论是早春还是其他季节，多吃蔬菜这种绿色食物都会有益人体健康，因此无论是去酒楼吃饭还是家常做菜，都提倡多吃七样羹。

有一次汕头电视台来我家采访春节食俗，我做了七样羹，他们吃后都说是吃过的最好吃的七样羹，问我有什么秘诀。我说以往人们煮七样羹都是将各种蔬菜一股脑儿倒落锅内煮熟，正确的煮法是应将各种蔬菜分门别类，较难熟的如大菜和萝卜要先下锅，依次再下春菜和白菜，最后才下青蒜和芹菜。否则等到大菜和萝卜煮熟的时候，青蒜和芹菜不但早已黄烂，还会产生难闻的气味。烹饪这事情有时并不要求很高明的技能，只要用心去做就足够了。

豆干炒韭菜和猪肉炒韭菜一样，旧时被认为是"霶霈"，即丰盛的代名词。做这道菜，豆干要先切小块用油煎黄，再与韭菜一起爆炒。豆干最好选用普宁县特产的"薯粉豆干"，这种豆干用番薯粉水混合石膏来点卤，含水量比普通豆干更高，还用黄栀水染成金黄色。煎薯粉豆干时会有水分不断流出，我相信潮汕厨师先辈在创制这道菜肴时，首先考虑的是利用煎豆干时产生的高温油水汽快速将韭菜炒熟，使韭菜更加脆滑嫩绿；其次是掌握了两者在味道上的匹配。吃过炸薯粉豆干的人都知道，这种名小吃的最佳蘸料正是韭菜盐水，换句话说，韭菜正是薯粉豆干的绝配。所以用薯粉豆干来炒韭菜，只要操作得当，要想让它不好吃都很难。

推荐清炒香菜的目的是为了怀旧。香菜又叫"生菜"，属叶用莴苣，得名是因为茎用莴苣俗名也叫"香菜"，用其茎腌渍而成的酱菜叫"香菜心"。茎用莴苣虽然较早传入中国，叶用莴苣却很迟才传入。1923 年出版的《中华全国风俗志》记录的 7 种潮州奇异食俗中就包括了香菜。在该书中，胡朴安这样记述："香菜一名香花菜，其嫩叶可包饭（内和杂香）生食。"一种食物能被当成奇俗，必定是他地少见之物。现代潮州人除了将生菜用来包炒饭和包炒鱼翅，还用来做潮式沙拉海鲜"生菜龙虾"。有意思的是，潮式的肉类汤菜虽然也常常用到生菜，海鲜汤菜却多用茼蒿。将生菜清炒，需要掌握好生菜的特点：一是易熟，只需翻炒几下加调味就能装盘；二是吸油，要多下油否则吃起来涩嘴；三是出水，盐或鱼露要迟下否则会出很多水。

豆酱炒麻叶

要诀是将黄麻叶先用开水氽一下，去掉部分苦味。

麻叶即黄麻叶，过去潮汕农村到处都是麻田，麻叶是潮汕人常吃的野菜。随着人造纤维的应用，用黄麻打绳或编织麻袋已经成为历史。所以我一直很奇怪，现在菜市场夏天都有大量新鲜黄麻叶供应，其他季节也有已"咸究"好的麻叶，这些麻叶究竟是从哪里来的呢？不久前我在潮阳农村，看见路边菜地上种着一些黄麻幼苗，有些还采过了麻叶。原来农民为了满足人们对黄麻叶的嗜好，竟然将黄麻跟益母草一样当成蔬菜来种植了！由于食用黄麻叶是潮汕很独特的食俗，我觉得完全可以将其当成一种重要的民俗食物对外推广：到了潮汕，你一定要品尝一下黄麻叶和益母草等民俗食物的滋味，不然就会留下一些遗憾。

（三）第十一道菜：煎菜头粿

（替换菜肴：红桃粿、鼠曲粿、老妈宫粽球、炒素面、秋瓜烙）

按照潮州筵席的传统，上完素炒蔬菜之后，菜肴部分就算是完成了。潮汕人时常挂在嘴边的俗语"鱼肉菜甲"或"食鱼食月（肉），还着菜甲"，指的正是鱼肉和蔬菜这种营养搭配和进食方式。但这时筵席还没有结束，主办者通常还安排有咸甜两道点心继续让宾客享用，特别是最后的甜点，在正式宴会中是一定要出现的，这已经是潮州筵席的一大特色。改革开放之后，由于家常式聚餐的机会增加，潮州筵席的席面也发生了一些变化，在非正式宴会上最后的点心往往被取消，而改为给每人来一碗白糜（粥）并配上两碟杂咸。有关白糜的更多讨论将留在下一章中进行。

潮式菜头粿

菜头粿最先是民间时年八节祭祀祖先神明的重要供品，而后才演变成著名的潮汕小吃。

潮汕的点心小吃，又称为"潮汕小吃"。潮汕小吃是潮汕饮食文化的重要组成部分和潮汕饮食生活的主要内容之一。潮汕小吃特点突出，品种极多，名气很大，不少到潮汕旅游的人，就是冲着潮汕特色小吃而来的。但是，小吃毕竟只是正餐之外充饥解馋的点心，在专业的烹饪领域里，菜与点是有严格区分的，菜肴占据支配地位，点心则处于从属位置。以潮州筵席十二菜桌的构成来说，前十个是菜肴，最后两个才是点心。有时菜式太多或吃得太饱，这最后的点心还会被取消或用一碗白糜简单代替。这是因为食文化中始终存在着大雅和大俗两种观点和势力，潮州筵席高档奢侈的特点本质上正好是大雅文化的集中体现，而且必然会限制小吃这种以简单节俭为特点的大俗文化。这种情形如果发生在国外，就好比既然吃了丰盛的法国大餐，面包就尽量少吃或不吃！

但是，因为筵席的宾客食量不一，主人照例还是会安排一些点心小吃。在这里我首推的潮汕小吃是煎菜头粿。也许有人会问，这不是萝卜糕吗？我的回答是既是又不是。说是的原因是菜头粿的确是由萝卜丝和大米粉做成的，说不是的原因是潮汕的菜头粿有着比普通萝卜糕深刻得多的内涵。潮汕的菜头粿与大多数由大米粉做成的粿品一样，最先是民间时年八节祭祀祖先神明的重要供品，而后才演变成著名的潮汕小吃。潮汕人虽然有"时节做时粿"的习俗，但菜头粿是长

年都会做的。粿炊熟了，要将圆形的整甑粿分切成一大块一大块的，吃时才改切成长方形的小块下锅油煎。煎菜头粿也有讲究，不能下很多油去炸，只能用少量油将其中一面煎黄，这叫“菜头粿热单畔”。本意是使油煎的一面脆香酥芳，另一面保留菜头清香鲜嫩的原味，俗语后来还引申为做事一相情愿，如单相思等。

炒菜头粿

红桃粿也是最具代表性的潮汕粿品之一。潮汕人所谓的粿，是指用大米的粉糈制成的供品或小吃。潮汕粿主要有龟粿和桃粿两种形制：龟粿就是仿龟背的圆形粿品，桃粿则是一头大一头小的仿桃形粿品。龟粿的作用主要是用于祈寿，桃粿则用于消灾。通常做桃粿时都需要木制的粿模辅助，这种粿模俗称“粿印”。以红桃粿为例，做法是先将粉糈像和面一样做成粿皮，馅料常用糯米饭加香菇、虾米、花生等，包好后放在粿印上略压，取出上笼蒸熟即成。做粿特别是做红桃粿曾经是潮汕农村最动人的景象之一，有些人只要轻轻咬上一小口红桃粿，陈年的记忆和乡土的滋味就会让他禁不住热泪盈眶。

红桃粿（组图1）

做粿曾经是潮汕农村最动人的景象之一，很容易让人勾起童年的记忆。

鼠曲这种野菜又叫“鼠耳”，这种食俗源于古代河南中州，梁代宗懔在《荆楚岁时记》中记载：“是日（三月初三），取鼠曲菜汁作羹，以蜜和粉，谓之龙舌柈，以厌时气。”潮汕人将鼠曲草晒干后舂成粉状，与米粞混合在一起做成粿品。过去主要用作供品祭拜祖宗神明，现在则当成小吃。鼠曲粿多做成桃状，但惠来县一带也有做成圆龟形的，粿皮黑褐色，内馅咸甜均有，用油煎热后会产生一种古人称为“鼠耳香”的香气。

与杭州五芳斋粽球齐名，同列“中华名小食”的汕头老妈宫粽球，是一种很特别的粽子。别的粽子无论是文化内涵还是销售旺季几乎都集中在端午节，唯独汕头老妈宫粽球借助妈祖信仰的灵光，由一种普通的节食，变成一种适宜四时享用的食物。在制作工艺上，这种粽子就以甜咸双拼为内馅，用料讲究，以足秤大个而著称。潮汕俗语称为“老妈宫粽球——食定正知”，意思是只有吃过了才知道老妈宫粽球的好味道。这种近百年前出现的粽子因在汕头老妈宫前摆摊而得名，旧时的人要出洋必定要祭拜妈祖，祈求保佑平安，顺手在宫前买几个粽球做供品，路上再慢慢将它们吃了，可以说是一举两得。正是这样一种额外的给予才使老妈宫粽球名声远扬。2011年端午节，我想陪外地客人到那里买粽子，看见小巷口竖着一块木板，上面红纸黑字贴着如下通知，“敬告：本店粽球现已售完，外面销售不属于本店粽球”。敬告旁边有几个摊档正在摆卖粽子——汕头老妈宫粽球就是这样牛！

红桃粿（组图2）

老妈宫粽球

因为一贯注重品质，最终演绎出俗语：“老妈宫粽球——食定正知。”

潮州人虽然以大米为主食，但也很喜欢面食。潮汕俗语“嫐过食炒面”，意思是指对某类事情的兴趣甚至比吃炒面还要强烈。以炒法来说，潮州炒面不见得很特别，原料常用生面条或咸面线，配料常用韭菜和豆芽素炒为主，较少加肉、虾等较贵重的料。潮州炒面的特别之处在于，上桌时一定要搭配浙醋和粉状白糖这两种作料。浙醋倒也罢了，粉糖显然有点出人意料，不过吃起来咸中带甜，特别爽口，潮汕人称为“煞嘴”，有吃后还想再吃的意思。

小吃拼盘

潮汕小吃品种繁多，传承久远，享誉海内外。（摄影：陈志强）

“烙”是潮菜中常用的烹饪技艺，与“煎”相近但有区别：烙与煎都指用不淹没食物（淹过即为炸）的油量使食物熟化并使外表金黄的烹饪方法，但烙还特指以水和淀粉拌匀后用煎烙技法制成的饼状食物，常见的除了蚝烙，还有秋瓜烙、佃鱼烙等。这也是潮州人为什么不将“蚝烙”说成是“蚝煎”的原因，两者的区别在于蚝烙下锅前要将蚝与粉混在一起而蚝煎不需要。我在这里推荐秋瓜烙，是因为这种食物可以用很简单的配料做成：秋瓜切成薄片后用少量精盐略腌掉部分水分，加入生粉、冬菜拌匀，用不粘煎锅烙至两面稍呈金黄即成。

（四）第十二道菜：甜番薯芋

（替换菜肴：甜姜薯粿、雪蛤芋泥、羔烧白果、杏汁官燕、五果甜汤）

传统潮州筵席最后必定要出现甜品，同时还会上来一碗白开水，以供“洗匙”，即让宾客把汤匙的咸味洗掉。旧时很多普通甜菜都不会像现在这样分成一人份的，而是一大碗端上来，各人经过洗匙之后便自行舀食。潮汕的甜品，从最常见的甜番薯芋、羔烧白果、甜姜薯汤，到较少见的莲子乌参、杏仁鱼鳃、木瓜翅骨，再到昂贵的冰糖燕窝和雪蛤芋泥，品种之多简直不可胜数！潮州人喜欢吃甜品而且很会制作甜品，这个特点可能与潮州曾经是全国最大的蔗糖产区有关。在古代，蔗糖和冰糖曾经非常昂贵，甜品往往被认为是奢侈品。现在潮汕妇女吃鱼胶进补的方法仍然以冰糖隔水炖为主，应该就是源于那个时代。实际上鱼胶与燕窝一样，也可以用上汤或鲍汁拌食，而且口感和滋味似乎比做成甜品还要好些。

甜番薯芋

有时为了喜庆又称为“金玉满堂”，是潮州筵席很常见的甜点。（照片提供：厦门嘉和潮苑大酒楼）

以烹饪手法来说，潮汕甜品有汤、炖、蒸、泥、羔烧和反沙等多种做法。汤最简单，用糖水煮熟就是了，常见的品种有甜番薯汤、甜姜薯汤、甜五果汤等。炖与蒸较接近，前者常见于家庭的隔水炖，后者则是酒楼制作或加热甜品的主要方法。泥是将食材蒸熟后研细成茸，再加糖和猪油翻炒而成的泥状物，最常见的品种有芋泥和姜薯泥。羔烧是将番薯等食材切块后在糖浆中腌渍，再煮至糖浆呈蜜糖状用筷挑起有坠丝即成。我见过有酒家将番薯雕成元宝状，做成羔烧摆放在盘子里，金灿灿的，极其漂亮诱人，菜名就叫“满地黄金”，在喜宴中颇受欢迎。如果将食材先油炸去除一些水分，再将糖浆煮至极稠起大泡之后混入炸过的食材翻搅，冷却后食材就会挂上一层糖霜，这种方法称为反沙，较出名的有反沙芋和反沙姜薯。

雪蛤芋泥

最好将雪蛤和芋泥分开吃，这样才能品出雪蛤的清甜和芋泥的香浓。（照片摄于汕头大林苑酒家）

要将普通的芋头做成脍炙人口的芋泥是很需要费一番工夫的。首先要挑选肉质干松的槟榔芋头，洗净、去皮、切片、蒸熟，接着放于砧板上用菜刀平放揉压成茸。好的芋泥极嫩极滑，需要碾压三遍至没有颗粒才行。这时洗净炒锅，按猪油 2、芋茸 6、白糖 5 的比例先加热猪油，放入几根青葱炸香后捞出不用，然后加入芋茸和白糖，慢火，用锅铲不断翻铲，至芋茸、白糖和猪油完全融为一体，极幼滑而且不黏手才算大功告成。这样做成的芋泥也称为“羔烧芋泥”，极稠极油极甜，味道极其香浓，市售的通常会用一至几倍清水或芡水稀释，但懂吃的人宁可吃香浓的芋泥一匙而不愿意吃稀释过的一碗！取一些芋泥放在碗内，再将用糖水羔烧过的金瓜块放在上面，上笼蒸透后就叫“金瓜芋泥”。同样方法还可做成雪蛤芋泥、白果芋泥和燕窝芋泥等，都是很好吃的潮汕甜品。

另一道很出名的甜品叫羔烧白果，做法比羔烧芋泥还要复杂，且其甜香有过之而无不及！在这道甜品中，白果和白糖的比例接近1∶1，还要用到大量的猪油和肥肉，制作工序极其复杂：白果要先煮熟，破壳去膜并用糖腌渍 2 小时，肥肉要提前一天用白糖腌渍成玻璃肉（一种晶莹剔透的甜肥肉）。接着将沙锅用竹笪垫底以免烧焦，再放白果和白糖，上面用大块的肥肉薄片盖住，文火慢煲至水分大部分散发，白果因为白糖和猪油的渗入而变得柔韧软糯。这道羔烧白果的肥腻甜香简直无法形容，只有吃过之后才明白什么叫甜品的极致！

姜薯是潮汕的一种民俗食物，在潮阳、惠来等地，旧俗贵客来临或新娘过门，都要煮上一碗甜姜薯汤，以表示对客人的敬重或对新娘的祝福。在喜宴上，姜薯更是经常担当甜品的主角。姜薯很可能还是潮汕特有的食物，因为至今还没有在潮汕之外发现有种植这种作物的，因而不少华侨或在外地工作的潮汕人总喜欢捎带姜薯。姜薯除了刨成薄片做

甜姜薯粿

“双鱼富贵”图寓意美好，包含有勃勃生机、幸福美满、和谐昌盛的美好祝愿。（照片摄于汕头建业酒家）

甜汤，还可以跟番薯一样切成厚块羔烧或反沙。每当年底姜薯应市时节，一些酒楼还经常用姜薯做姜薯泥进而做成各种高级的糕点或粿品。我在汕头市建业酒家就吃过一种姜薯鱼：两条用姜薯泥做成的鲤鱼首尾相逐暗合太极图案，旁边又用薯泥着色做成绿叶和盛开的红牡丹花，实为“双鱼富贵”图，寓有勃勃生机、幸福美满、和谐昌盛之意。

高档的潮州筵席往往用燕窝做甜品。历史上潮商以经营燕翅、参肚之类的南北行出名，反映在饮食文化上，就是潮菜中用这类海味干货做成的高级菜肴特别多。以燕窝来说，就有冰花甜官燕、甜芙蓉官燕、凉冻甜官燕以及咸三丝官燕、鸡茸咸官燕等不少传统菜肴。香港金岛集团1978年在九龙尖沙咀开办了“金岛燕窝潮州酒楼”，专门经营传统高档潮州菜肴，使潮州菜在香港等地名声大振，成为人们心目中美味佳肴和顶级美食的代名词。

杏汁官燕

杏汁官燕可以说是甜食的极品，燕窝晶莹爽嫩的口感与杏汁浓郁清新的滋味相得益彰。（照片提供：厦门嘉和潮苑大酒楼）

至于用鱼翅的副产品鱼翅骨和鱼鳃做成甜品，在潮州菜系之外可说是少之又少。鱼翅骨是指干鱼翅洗出翅针后剩下的针状软骨，功效与鱼翅接近，能益气润肺，开胃进食，只是口感差些而已。鱼鳃则是沙鱼或鳐鱼的鳃瓣，潮州人认为沙鱼、鳐鱼、海鳗等一些鱼的鱼鳃质地口感跟鱼翅相似，而且能够清热解毒，无论鲜干都可以吃。如果将鱼翅骨和鱼鳃发制后与冰糖和木瓜或红枣同炖，能够补气开胃、润肺降火，其滋补功能仅次于燕窝。根据相同的饮食理念，可将被称为猪婆参的白石参或乌石参发制后切成方粒，与莲子和冰糖同炖。不过这类甜品的市场不大，毕竟懂这种吃法的人越来越少了。

八宝甜品

八宝甜品精选芋泥、金瓜、番薯、白果、豆沙、莲子、红枣、花生共8种健康甜食，寄托了圆满甜蜜等多种美好的祝愿。（照片提供：新加坡发记潮州酒楼）

还有一种称为五果汤的传统甜食，在春节期间最为盛行，有“五福临门”和“五子登科”等喜庆寓意。五果汤选用的食材以桂圆、白果、莲子、薏米、百合为基础，也可添加、代换芡实、姜薯、红枣、银耳、木瓜等，总之只要有一定的药用功效，名称吉利的都可以选用。我在汕头市福合沟无米粿店吃到的五果汤，印象最深的是里面加了柿饼块和产于非洲的海底椰。新加坡发记潮州酒楼有一款八宝甜品拼盘，将芋泥、金瓜、番薯、白果、豆沙、莲子、红枣、花生共8种食材拼在一起，如果用来配合筵席开始的卤味拼盘，应该说是恰到好处。

现在十二菜桌潮式大餐已经到了尾声，连八宝甜品拼盘也呈上来了，这时主持人也许会站起来大声对嘉宾们说：今天的宴会到此礼成！感谢大家的光临，祝愿大家像最后这道八宝拼盘一样，圆圆满满、甜甜蜜蜜、健康益寿、招财进宝！

七、糜与主食

（一）一锅好糜

如果从潮州人的饮食结构来看，无疑白糜才是他们的主食。有句潮汕俗语是这样说的：“米碎饭食会饱，十二菜桌也无巧。”米碎饭指用残碎米煮成的干饭。俗语表达的是这样一种淡泊自足、不事奢求的

一锅好糜

白糜是潮汕人的主食，因为经常吃，所以有很多讲究。

志向：只要肚子填饱了，便能顶住丰盛食物之类的诱惑。这句话还透露出一种很有趣的现象：原来普通的米饭与高级的筵席存在着一种对立关系。传统的潮州筵席是没有备饭的，如果你吃完了十二菜桌之后还需要吃饭，那主人会觉得很没有面子。反过来说，潮州筵席的确很

丰盛，通常除了十道主菜之外还有咸甜两种点心，吃完之后按理已经很饱足，实在没有再吃饭的必要了。

但是，如果是白糜或稀饭就要另当别论了。实际上不管你到哪一家潮州菜馆，在酒饱菜足之后只要想吃白糜和杂咸总能叫到；也不管席间吃了多少美味佳肴，只要有潮汕人在场，最后他们几乎总要叫碗白糜。一些外地客人一开始可能会觉得没必要吃，但糜已端来，通常还是免费的，便跟着吃了。这样吃上几次之后，说不定就吃上瘾了。白糜这东西很怪的，虽然不会像烟酒一样直接让人产生强迫性的生理嗜好，但可能是太容易消化或太养胃的缘故，如果经常吃就会使人的肠胃产生依赖性。像筵席之后吃糜，其作用已经不是为了充饥果腹而是出于饮食习惯，最后那碗白糜要是不喝下去，有些人的肠胃可能就会觉得不舒服。我年轻时曾是一个牛奶爱好者，后来因为经常吃糜，现在如果早餐不吃白糜而改喝牛奶吃面包，马上会因为牛奶过敏而拉肚子。可以这么说，我跟大多数的潮汕人一样，只能以糜为主食了。

一斗好米

煮糜的米要选短胖黏糯的粳米，如误选泰国香米或丝苗米等籼米煮糜，就会缺少黏性。

关于潮州人食糜习俗的缘由，曾经有过“环境说”和“缺粮说”两种观点。“环境说”认为，潮汕气候炎热，流汗过多，需要食糜以生津养胃，充饥解渴。但由于同处粤地的广府人和客家人都是以干饭为主食，环境说似乎难以成立。“缺粮说”认为潮汕地少人多，粮食紧缺，食糜比食饭更能节约粮食。但查考历史，清初之前潮州素以“平原沃野”著称，每年有大量的余粮供应福建等地，而此时潮州人的食糜习俗似乎已经形成了，因为从北宋开始，吴复古等潮州先贤就大力提倡食糜养生，说白粥能“推陈致新，利膈益胃”。现在我觉得还可以增加一种“习惯说”：刚开始吃糜的原因可能很复杂，后来吃着吃着就习惯了，变成离不开糜了！

因为日常三顿都要食糜，所以潮州人对糜很有讲究，当然最中心的问题是如何煮出一锅好糜。我从小学一年级就开始煮糜（俗语称为“焤糜”），算是积累了一些经验。我认为煮糜的要诀主要有四点：一是要有好米。煮糜的米与煮饭的不同，要选黏糯的品种，比如个短半透明的珍珠米就很好。二是火力要猛。假如用慢火煮糜，则煮熟后糜粒会失去黏性和爽劲，糜吃起来就没有口感。三是水要一次加足。潮州人将粥浆称为“湆”，如果中途补水这湆就会返水变稀，造成水米分离。四要控制火候。潮州白糜的火候与广府或其他地方的白粥都有区别，有个极好的例子可以说明：现在有种新炊具叫电压力锅，可晚上定时翌日起床即有糜吃，但煮潮州糜要将功能键设置在时间较短的“米饭”档上，如果设在“熬粥”档上煮出来的就会太糜烂。那种看不见糜粒的半流质白粥虽然貌似符合古人所说的“水米融洽”，却被潮州人讥笑为难以充饥的“飞机糜”，意思是吃完后像飞机那样旋上一圈肚子就饿了。煮潮州白糜，米粒刚爆腰就要熄火，余热会将糜继续熟化，最后糜粒下沉，上面形成一层状如凝脂的粥浆。潮州话“湆馑过饭”是说，这上面的粥浆比米饭还要稠，用这种不可能的事情来形容得到意外的横财。

传统夜粥

潮州夜糜越传统越简单，以吃饱为目的，拌点杂咸就完事了。（摄影：何文安）

盛糜的时候，有一个规矩，不能将下面的糜粒和上面的糜湆搅浑，要用匙将下面的糜粒先盛进碗底，再舀些糜湆在上面，潮州人对糜的这些讲究，突出地反映在众多的方言俗语中。比如用“湆滚”来形容事业像煮糜一样兴旺发达，用“插到渹滚”来形容获得滚滚厚利，用“下粘（指籼米和粳米）下秫（糯米或江米）”来表示随便许诺，用“敢做匏杓，勿惊渹烫”来表示敢作敢为，用“糜好散食，话勿散哒”来提醒后辈要提防祸从口出。

（二）几碟杂咸

潮汕人将佐餐小菜都称为“杂咸”。潮汕的杂咸种类很多，第一大类是咸菜，即用食盐等调味料腌渍后的蔬菜或水果。最具代表性的咸菜是菜脯（腌萝卜干）和潮汕咸菜（腌芥菜）。菜脯的制法是将萝

豪华杂咸

汕头市金海湾大酒店早餐展示的豪华杂咸桌“百鸟朝凤”，由100种不同杂咸组成。（摄影：詹畅轩）

卜剖开，白天曝晒去除水分，晚上收拢后在田头或溪畔挖坑压实盐腌，这样反复十来天才初成。潮汕咸菜的原料是大芥菜，每年在秋收后种植，初冬后开始收获腌制。严格来说，潮汕咸菜应属于泡菜类，腌制

过程会产生很丰富的乳酸菌。有研究报告称，腌制时，芥菜中的植物蛋白会分解出17种不同的氨基酸，从而产生很吸引人的特殊香气和风味。历史上曾因成功仿制天津冬菜而大量生产和出口的潮汕冬菜也属于咸菜类。另外比较出名的咸菜还有白糖贡菜、咸梅、乌橄榄、咸橄榄糁和乌橄榄菜等。乌橄榄菜以稚嫩未成熟的青橄榄为原料，与咸菜叶和食用油在生铁锅中熬制，嫩橄榄中的橄榄树脂与生铁离子结合后就会逐渐变成黑色。

第二大类是酱菜。潮汕以普宁豆酱和揭阳榕城豉油最出名，以其腌制的著名酱菜有酱姜、酱瓜、香菜心和四色菜（杂锦菜）等。用糖醋腌制的酸甜类酱菜有糖醋藠头、白糖蒜和糖醋萝卜片等，尤其是南姜白贡腐，于20世纪30年代由澄海樟林古新街“勤发号”首创，加入了被饮食界称为“潮州姜”的南姜末和芝麻油、白糖、酱油等，色泽淡黄、咸鲜可口、风味独特，广受海内外潮汕人喜爱。潮汕人还经常在家里制作“臊汤菜”，即用鱼露腌泡的杂咸，腌芥蓝头、腌大菜片等，也应归在酱菜类中。

咸菜（杂咸组图1）

潮汕人将佐餐小菜都称为杂咸。附图为咸菜、贡菜、酱姜、咸鱼四种常见杂咸。

贡菜（杂咸组图2）

酱姜（杂咸组图 3）

咸鱼（杂咸组图 4）

第三大类是腌制水产品。历史上潮州出产的海盐和咸鱼都很出名，韩江上游三省 30 多个县都是潮盐专卖区，根据毛泽东同志 1930 年所写的《寻乌调查》，江西寻乌所食的咸鱼也“一概从潮汕来”。潮汕的咸鱼按制法可分为霉香和实肉两种，霉香肉腐有奇香，实肉则咸鲜耐嚼。无论哪一种，切小块煎烙之后都是糜饭的良伴，有潮汕俗语“咸鱼配饭真正芳”可以为证。

关于腌制水产品，清代嘉庆《潮阳志》中有这样的记载：“邑人所食大半取于海族，鱼、虾、蚌、蛤，其类千状，且蚝生、虾生之类辄为至美……童叟皆嗜。”意思是潮州的海产品种类很多，而且潮州人也喜欢吃生腌的海产品。潮州人将所有腌制的海产品都归类为杂咸，主要的品种有蟹类、虾姑、蟟蛁（小刀蛏）、钱螺醢（黄泥螺）、蚝（牡蛎）、厚尔（小鱿鱼）醢、虾苗醢、凤眼（薄壳）醢等，其中的蟹类会根据不同的品种和大小用不同的方法腌制，比如膏蟹即受精后经过育肥的雌青蟹，需要用最大量的腌料和最长的时间腌制，腌料包括蒜头、花椒、辣椒、芫荽头、香叶、白糖、白兰地和大量酱油；冬蠘和三目蠘等生长于海洋的梭子蟹类因为较干净，只需用饱和食盐水和较少量的腌料腌制；虾姑和蚝经常是即腌即食，腌蟟蛁可用酱油也可用鱼露，腌钱螺醢则会加入炒熟的黄豆。

潮州鱼饭泛指叠放在一起用盐水煮熟的各种海鲜，既可以是巴浪鱼、吊景鱼和小公鱼等鱼类，也包括“薄壳米”、“红肉米”等小海贝和龙虾、红蟹等高档海产品。鱼饭如果单独上桌可能是一种菜肴，但一旦与白糜放在一起，就被当成杂咸了。其实不少食物都是这样，在不同的场合往往会显示出不同的身份。比如鱼丸，如果煮汤上桌当然是一种菜肴，但假如用竹签串起来油炸，就变成点心小吃了。有一种潮汕蜜饯杨桃示，就经常在早餐杂咸中出现。

认识了潮汕杂咸，可以说已经掌握了开启潮菜奥秘的钥匙。很多潮州菜肴的独特风味，便是以这些杂咸为配料烹制出来的。以菜脯来说，可切碎煎烙菜脯蛋，可与赤领（红狼牙鰕虎鱼）等多种鱼一起焖煮，还可与沙虾或冬瓜一起煮汤等。以咸菜来说，可做出咸菜猪肚汤、咸菜响螺汤、咸菜蚝仔汤等多种菜肴。冬菜则可配鲳鱼和佃鱼，贡菜配马鲛鱼，咸梅可蒸鳗鱼，咸柠檬可炖鸭，厚尔醢能蒸肉饼，等等。

烙菜脯蛋

将菜脯（萝卜）干切碎后炒蛋，是一种广受欢迎的潮式食物，与白糜恰好是绝配。（摄影：詹畅轩）

（三）番薯岁月

番薯原产美洲，明代经东南亚传入我国，随即被大力推广种植。清初任福建布政使的周亮工在《闽小记》中记述了个中原因：“闽人多贾吕宋焉。其国有朱薯……其初入闽，时值岁饥，得是而人足一岁。其种也，不与五谷争地，凡瘠卤沙冈皆可以长。”也就是说，番薯能够解决饥民的粮食问题，而且还不会与水稻等传统农作物争夺土地。难怪有学者认为，番薯的传入改变了中国的历史进程，因为开荒种薯，全中国的人口从此急剧增加而树林变得越发稀少环境变得越发恶劣。

在潮汕，番薯历来是最主要的杂粮，在一些不太适合种植水稻的山区，番薯甚至成为主食。我小时候正是农业学大寨的年代，记忆中农民天天都要吃番薯，吃法多种多样，最常见的是煮番薯糜。煮番薯糜是很讲究的：要先刮掉番薯皮，即用小刀之类的锐器，垂直刮去表层薄皮，决不能用削皮器刨皮，因为那样太浪费了。接着将番薯洗净后拿在手里，用大菜刀一剁一扳，让扳出来的小块番薯直接掉进糜锅里。潮汕人将这种刀法称为“格”，认为“格”出来的食物比刀切更易煮熟更易入味，其他如萝卜和竹笋等食材切块时也讲究使用这种刀法。用番薯块煮糜或煮饭，薯块要与米同时下锅才能同时煮熟。还可将番薯擦成丝用来煮糜，称番薯丝糜。如果这样煮，番薯丝要等糜煮开将熟时才下锅，否则番薯丝太烂难以成形。无论用哪种方法，番薯糜都不能像煮蟹糜或其他香糜那样进行调味，只能像吃白糜那样配点杂咸。这大概是因为潮汕先辈在煮番薯糜的时候，只是为了节省大米。

如果是单独烹煮番薯，则有“一焐二搭三熻四煠”四种方法可供选择，番薯的好吃程度也依此顺序排列。第一种方法曰“焐”。焐在古汉语中字义为“火貌”，潮州话字义与之相同，比如将在田里焚烧稻草称为“火烧焐”，将煮糜叫“焐糜”。如果将番薯埋进火烧焐里面，上面再用土盖住，过一会番薯就熟了，用这种方法弄熟番薯就叫“焐”。焐更常见的方式是窑烧，俗语叫“叩窑”。我小时候逃学最常做的事情就是叩窑，方法是到田里用土块搭建一个灶形土塔，下面留灶口，用野草树枝将土块烧红并捅塌上层塔顶，扔下番薯后再捅塌全塔，上面覆沙土并不断叩击，使灼热土块散碎。半晌之后翻开土层，煨烤番薯特有的那种焦香味就会扑鼻而来。用焐法烹制的番薯虽然沾泥带土，但番薯的表皮起泡后常常在内里生成新的焦皮，吃起来特别香脆，而且番薯的甜质绝不流失，味道最佳，所以在所有做法中排名第一。

“搭”是将番薯带皮切成厚片，贴着铁鼎（炒锅）单层平铺，鼎心加水后上盖，火先武后文。如果水火控制得法，薯片熟时水正好收干，贴鼎的那面黄赤微焦，不亚于用西式烤炉焖烤。吃起来味道更奇妙，一面脆香酥芳，另一面则保留番薯的清甜原味，食理与前面说过的半煎煮鱼或单面煎菜头粿完全相同。用普通的铁鼎，一滴油都不加，在十分钟之内就能烹制出很美味的薯片，这是搭法煮薯得以排名第二的原因。

白熻芋卵

熻是这样一种煮法：当番薯芋煮熟时，水量应所剩无几或几乎没有，而且食物要带皮熻才能保持原味。

“熻”是整个带皮煮的技法，常见的除了熻番薯，还有熻芋、熻幼米仁（玉米）等。

与煮相比，熻要求的水量要少，烹煮过程不能揭盖，当食物煮熟之后，水量应所剩无几或几乎没有。在日常生活中，“熻”还有闷热的意思，如“天时熻熻”指天气闷热。因此熻番薯这种技法的要领是慢火少水焖熟，有时为了不使番薯浸泡在水里，锅底也可放一碗碟或蒸隔，这样一来就带有半蒸半煮的性质了，但熻比蒸快熟，省燃料，所以一般都用熻。应用此法烹饪的番薯，其最大特点是能够保持原汁原味，因而被公认为是第三好吃的煮法。

“煠”的要点是去皮切块慢煮，水量至少要淹过食物，煠肚肉、煠鱼饭和煠鸡蛋，都是使用这种煮法。煠的时间比煮略久一些，如果火候不足，俗语就叫“煠唔熟”，比如“煠唔熟狗头”或“煠唔熟番葛”就经常用来骂人，暗喻对方不足火候、智力低下。煠番薯有时又可叫“煠番薯汤”，煮熟后照例要调味，调咸味还是调甜味要看各地的习俗或个人的喜好。我见过的煠番瓜（南瓜）几乎都调成咸味，煠番薯则几乎都调成甜味，番瓜和番薯一起煠也调成甜味。如果是在夏天，番薯汤中还会加些姜片，据说可以预防中暑。

金丝沙律虾

汕头悦宴餐厅出品的金丝沙律虾，是番薯这种古老食物的现代形态。（摄影：詹畅轩）

至于将番薯做成羔烧番薯或反沙番薯，因前面已经说过，这里就不再赘述了。有一种与番薯有关的重要产品番薯粉条，很值得说一说。番薯粉条盛产于惠来、普宁等山区，是传统番薯的深加工产品。番薯粉条的做法第一步是制薯粉：将番薯洗净后碾烂，用水反复漂洗过滤，番薯淀粉会随水流出，静置沉淀就会得到下层的薯粉。那些被提过淀粉的薯头挤干水分后会被搓成圆团贴在墙壁上晒干，然后当成猪饲料。如果你到农村，看见贝灰房子的外墙残留着一些黑褐色的圆形印痕，那一定是以前贴过薯头的痕迹。第二步是制粉条。做法类似蒸肠粉，要先将薯粉浆蒸熟，接着将粉皮趁热揭起放在竹架上晾晒，待半干时及时切条并整理成束，完全干后就成为一种半透明至透明状的粉丝，其透明度和洁白度全在于薯粉的好坏。

番薯粉条

用番薯淀粉而不是常见的米粉制成，吃法与粿条类似。

潮州凤凰镇还出产一种斜鹅粉，传说是由一种俗称“冬姜薯”的植物淀粉做成的。冬姜薯中文名叫“竹芋”，原产南美，因为叶脉上有美丽的斑纹也可做观赏植物，其根茎富含淀粉，可与番薯一样与大米一起煮糜，也可提取淀粉供食用，且有清肺利水之药效。但冬姜薯淀粉产量少且贵，多数用来做类似西米的“冬姜丸”，做薯粉条的可能性不大，所以我认为斜鹅粉应该只是洁白一点的普通番薯粉条而已。

在过去，白糜和番薯都曾经是潮州人的主食。我小时候见过一种叫“沙涝越”的番薯品种，产量奇高，亩产万斤以上，但肉质不甜不松，淡而无味，难以下咽。要将这类食物塞进肚子充饥，甚至将它们变得有滋有味，只有一种最好的办法，那就是用杂咸拌食。在现代，很多人对潮汕杂咸品种之多感到很吃惊，其实只要他们了解了潮州人的饮食史，就会明白潮汕的杂咸是伴随着白糜和番薯这两种主食发展和丰富起来的。

（四）香糜春秋

潮州糜按做法可分为白糜和香糜（芳糜）两大类，两者的区别不在于有没有加入其他食材而在于有没有调味。像番薯糜、芋糜和大麦糜等虽然是在大米中混入了杂粮，却因为没有调味而不能称为香糜。所以香糜就是指调过味并且加入其他食料的稀粥，通常加入什么食料就叫什么糜，比如加入猪肉片就叫“猪肉糜”，加鱼片叫“鱼糜”，加螃蟹叫“蟹糜”，加小牡蛎叫“蚝糜”，等等。

我小时候最常吃的香糜是“蛋糜”。往碗里敲进一个生鸡蛋，加几滴油、几粒海盐或几滴鱼露，再将刚熟滚烫的白糜舀进碗里覆盖在鸡蛋上面，过一小会用筷子搅散，就成为一碗好吃又营养的蛋糜了。现在市面那些卖水鸡（青蛙）糜的，都是将水鸡宰后切块放进粥里，但还有一种具有药膳效果的烹煮方法，是为了治疗小孩偷放尿（尿床）的毛病。做法是不将水鸡事先宰杀，而是抓在手里洗干净了，等到白糜将熟之时，把水鸡活生生扔进翻滚的糜里并迅速盖上锅盖，让水鸡在受到热汤煮熬的瞬间垂死挣扎，将体内的尿液释放出来，据说这样煮成的糜才能产生疗效。无独有偶，惠来至海丰沿海一带的渔民，出海时也会带上一瓶高度的白酒，当捕到海马时就会活生生扔进酒瓶里，目的也是让海马将最具药效的尿液撒进酒中。

煮香糜

香糜指调过味并且加入其他食料的稀粥，如果加入猪肉片就叫“猪肉糜”，加鱼片叫“鱼糜”。（摄影：何文安）

蟹肉糜

煮香糜有多种方法，要根据不同的食材进行烹饪，像蟹糜、鱼糜则要在白糜将熟时加入蟹或鱼一起煮。（摄影：何文安）

鱼糜的做法通常都是加鱼片，但南澳有位渔民曾对我说过，他将黄只鱼的尾部用小绳绑住，放进糜里一起煮，鱼熟时只要摇动绳子，鱼肉就会脱落进糜里。他自豪地说，用这种方法煮出来的黄只糜，他一次吃过一百尾以上。黄只鱼又叫“黄鲫鱼”，与凤尾鱼同属鳀科小鱼类，以骨多肉甜著称，潮汕俗语中“黄只鱼——通身刺”和“三月黄只遍身肉”都提到这种鱼，吃法通常是用盐略腌后油煎。

还有一种叫“兴衰糜”的，指旧时农村酬神做戏时，摊贩在广场旁摆卖的猪肉香糜。这种糜以便宜为招揽，都是事先煮好的，所下肉料自然极少，多数还掺杂一些炸豆干块。演戏中场休息或转换场次角色时，观众便会纷纷拥向摊档排队买糜。摊主一手收钱一手舀卖，一勺下去，运气好的便能盛到有较多肉料的香糜，运气差的说不定连豆干角都捞不到，所以就被称为“兴衰糜”。

在1955年公私合营之前，汕头地方政府曾经对遍布街头巷尾的饮食摊贩进行登记统计。真没想到那么小的老市区，竟然有流动饮食摊贩1 433户，另有店面经营的所谓“内坐商”135户，包括十来家规模较大的酒楼餐室和小食店，从业人员将近2 500人。这些饮食摊贩和店户，主要经营粿条面、普通饭菜、经济小炒、豆浆甜汤和各种小食品，香糜则以鱼糜和猪肉糜为主。经过私营改造之后不久，大部分摊贩都停业，只留下外马、大华、中山等几家饭店和餐室。

传统的鱼糜又以草鱼（鲩鱼）糜为主，这是因为旧时汕头人吃鱼生的风气极盛。据《汕头指南》记载，1934年，汕头市区的鱼生糜饭业有集祥、协成、同乐、醉吟、美记、怡茂、永顺兴、老南和、进记、同发等多家。鱼生就是将活草鱼的净肉取下切成薄片，蘸拌白糖、米醋、梅膏酱、姜丝、辣椒丝、萝卜丝等同食，吃不完的鱼生片和头尾等部位都可煮成鱼糜。所以那时的汕头虽然是一处海港，却以吃淡水的草鱼生和草鱼糜为特色。潮汕民谣《某家阿爷》“半夜听见卖鱼生，想食鱼头熬番葛”描述的就是当年汕头埠的这种情景。

煮香糜有多种方法，要根据不同的食材进行烹饪。兴衰糜的煮法属于大锅糜，现在已较少见了。鱼片糜和猪肉糜都讲究火候，为了不将鱼片搅碎，要小锅单煮，调味后加入鱼片即可上桌。为了使汤水清鲜，可像泡饭那样先将生米做成熟饭，加水煮开后再加物料。鸭糜则需将鸭肉煮烂并入味，即先煮好一锅浓香带汤的鸭肉，另煮一锅稠些的白糜，吃时先舀半碗白糜，再加入带汤的鸭肉。用猪油渣做成的“膀粕糜”也要将膀粕单独煮好入味，煮白糜所用的米则改用糯米，这样混合后才好吃。

近年比较新潮的煮法是砂锅糜，以锅论价，品种很多，鸡肉、排

骨、鱿鱼、螃蟹、水鸡、鳝鱼、脚鱼、鲍鱼等任何想得到的食材都可用来煮糜，价格当然各不相同。电话或现场点好之后即开煮：先在砂锅上猛火煮白糜，同时准备要下的食材，比如螃蟹都是现叫现宰的，糜将熟时放食材和配料，常用的调味料有冬菜、鱼露、味精、胡椒、芫荽、生菜、茼蒿等，上桌之后还会配上鱼露、酱油、辣椒酱等作料。砂锅糜在外地比在潮汕本地还盛行，可能与砂锅糜明码实价的经营方式和原汁原味的烹饪方法有关吧。

鸭肉糜

通常鸭肉和白糜要分开煮，吃时才混合在一起，这样鸭肉吃起来才有滋味。

八、粿和小吃

（一）小吃飘香

潮汕小吃，如果以潮汕话的实际发音似乎叫“潮汕小食”更准确，著名潮藉学者饶宗颐有一幅题字也是这样写的。考查小吃或小食的历史，会发现它们指的都是异于正餐常馔的食物，有小食、小吃、点心等不同叫法。小吃通常按地域进行分类，全国各地都有特色鲜明的小吃，比如天津的狗不理、四川的担担面和贵州的过桥米线。即使在潮汕范围内，各县甚至各镇也都有自己的特色小吃，像潮阳的鲎粿、普宁的薯粉豆干和澄海的猪头粽，都是其他地方所没有的特色小吃。小吃的这种多样性和丰富性，根源在于小吃往往是一个地方饮食文明的表现，与当地的气候、物产和习俗分不开。

潮汕的小吃名声显著，完全可以用香飘四方来形容。从 1988 年开始，至今已连续举办了十六届潮汕美食节，不久前更因为在全国 200 多家参评单位中脱颖而出，荣获“2011 十大国际影响力节庆”殊荣而名声大噪。我曾经长期关注过这个地方节庆活动，后四届还连续被邀请担任美食节的评委，参加评选“美食之家”和最受欢迎美食品种。第一至第五届潮汕美食节都是在宾馆酒店内不定期举行，内容以菜肴展示为主，走的是高雅路线。从 2000 年第六届开始，潮汕美食节转移到林百欣国际会展中心广场并改为每年举行一次的定期活动，通过设立潮汕美食街，美食节摇身一变成为一种庙会式展示传统潮汕小吃的节庆。对此一位著名的厨师发牢骚：“什么潮汕美食节，那其实就是潮汕小吃节！”从统计数据来看，近几届美食节的人均消费在 9 至 12 元之间，刚好是一碗牛肉粿条汤或一两种潮汕小吃的售价。但牢骚归

飘香小食

飘香小食店在20世纪60年代就开创出将多种潮汕名小吃汇集在一起的经营模式。（摄影：王海鹏）

牢骚，庙会式美食节使参加人数大增，据近年的统计数据，每次都超过40万人次，还吸引了大批海内外的游客，其影响力逐年扩大。

每当潮汕美食节举行的时候，像飘香小食店、老妈宫粽球店、西天巷蚝烙店、月眉湾酒楼、二八粗菜馆、新兴餐室、榕香蚝烙店、飞厦老二牛肉丸店、怡茂干面馆、蒂蒂香达濠鱼丸店、南大饮食店、同益猪肚店、澄海妙银粽球店等比较出名的潮汕小吃新老字号都会齐齐亮相；一些星级酒店如帝豪大酒店、金海湾大酒店、国际大酒店、龙湖宾馆以及建业酒家、成兴渔舫、皇城酒楼等高档酒肆也会放下架子，挑选一些小吃类的食物到美食广场摆摊设点。至于展出的小吃品种，官方和媒体宣传时说达300多款，实际多少我没有认真数过，恐怕也数不出来，反正除了常见的传统小吃，还有烤蚝和五香猪手等很多新式的小吃。

地方小吃的特点，一是历史悠久，二是制法讲究，三是乡情浓郁。潮汕的很多小吃，多数都带有这些特征。比如潮阳鲎粿所用到的鲎醢，其历史可以追溯到唐宋时期，至今已有一千余年；鼠曲粿以鼠曲草为配料，是源于魏晋时期河南中州的遗俗；潮阳薰鸭脯和潮州姑苏香腐都有两三百年以上的历史，带有清代潮州蔗糖商人与江浙饮食文化交流的痕迹。更常见的，比如潮汕蚝烙、潮式粽球、牛肉丸、鱼丸、薯粉豆干、炸香蕉“来不及”、粿条、粿汁、炒糕粿、尖米丸、爱西干面、乒乓粿、水晶球、猪头粽、鸭母捻、落汤钱、春卷、芋泥……几乎每一样都有百年左右甚至更长的历史。这些小吃制作方法繁复讲究，像蚝烙要脆嫩鲜香，粽球要双拼两味，牛肉丸、鱼丸讲究手打和口感，薯粉豆干要外脆内嫩。有些小吃历经几代人的传承之后，获得广泛的认同，慢慢地就会化身成为地方饮食习俗的一部分。

在汕头市区，有两家专卖潮汕小吃的综合性小食店经营得很出色，它们是飘香小食店和榕香蚝烙店，其中的飘香小食店，在小公园附近国平路的林氏旧祠堂内经营，是在20世纪五六十年代公私合营时由多家小食摊档合并而成，比如飘香的蚝烙由1930年创建西天巷蚝烙的姚老四（姚永义）和林木坤主理，飘香的虾米笋粿和桃粿是新中国成立前夕在小公园行街开设潮成号小食店的杨潮贤和林剑秋两位师傅主理，飘香的粽球则由当年驰名潮汕的蔡七记粽球店的蔡加琪和陈惠琴主理。因为有了这种传承，飘香制作的虾米笋粿和桃粿在1991年就被评为全国名小吃。榕香蚝烙的店主蔡武乳虽然以前名声不著，却也并非泛泛之辈，其祖父20世纪30年代已在揭阳进贤门外摆摊煎蚝烙，其父移居汕头后也曾走街串巷叫卖蚝烙，因而其制作的蚝烙也广受好评。

但是飘香和榕香这两家店之所以取得成功主要是因为经营模式的创新。传统小吃摊档有个天生的缺陷，就是小吃品种单一，多数只宜做点心不宜当正餐。通过公私合营之后，飘香小食店实际上是将多种潮汕名小吃汇集在一起，给消费者以多样性的选择，同时还配套经营像肉丸汤、鱼丸汤、肉片汤之类的汤类食物。客人来到飘香小食店，随便点虾米笋粿、菜头粿、水晶球和蚝烙之类的几种小吃，再叫上一碗鱼丸汤，吃完之后会发觉肚子已经饱了，完全无需再吃正餐了。对于这种情形，我们可以称之为小吃的正餐化。

潮汕粉粿

潮汕粉粿属创新小吃，用澄面皮并借鉴广式点心的做法，馅料多种，是酒楼最常见的点心之一。（照片提供：厦门嘉和潮苑大酒楼）

位于外马路和新兴街交界处的榕香蚝烙店将这种小吃正餐化的经

营模式发挥得更加淋漓尽致。他们的做法一是经营更多的小吃品种，像蚝烙、鲎粿、笋粿、荷兰薯（马铃薯）粿、红桃粿、鼠曲粿、无米粿、甜番薯芋、甜糯米莲藕、炸豆干、炒粿条等汕头市面上常见的潮汕小吃，店内几乎应有尽有，让人有更多选择余地。二是经营更多品种的潮菜小炒。我带去的客人，最喜欢吃的有下面这些菜肴：卤水鹅肝或卤味拼盘、猪肚咸菜汤、牛肉丸汤、鱼丸汤、酿豆干汤、煮杂鱼仔等。欠缺的只是出品不太稳定，东西卖得太贵。

鼠曲粿

荷兰薯粿

虾米笋粿

韭菜粿

潮俗有“时节做时粿”的说法，常需根据不同的季节和不同的祭拜对象来制作不同的粿品，附图分别是鼠曲粿、荷兰薯粿、虾米笋粿、韭菜粿。

通过以上的分析，我们发现潮汕小吃的性质正在发生嬗变，即从点心向正餐转变。实际上这种尝试在80年前就已经开始了，当年一位大埔籍的卢姓小贩，用一碗潮式干面和一碗风味清汤，开创了一种潮式快餐，那就是“爱西干面”。飘香小食店和榕香蚝烙店又将更多的小吃品种和更多样式的潮式清汤搭配起来，也开创出一种简易的小吃便餐。潮汕美食节则将各种各样的潮汕小吃集中起来，变成一种庙会式的旅游美食节，让潮汕小吃飘香海内外。

（二）人神共享

在众多的潮汕小吃中，粿是最特殊的一大门类。从原料来源来看，潮汕人所谓的“粿”都是由米粉等加工制成的，与外地的“糕”很相似。因此在对外交流的时候，有人将菜头粿称为萝卜糕，将甜粿称为年糕。从食物的成分来看这样说并没有错，但从民俗意义来看两者大不相同。潮汕人概念中的“粿”，都来源于祭祀活动的供品，而后才演变成为各式各样的潮汕小吃。有一些潮汕食物如粿条、粿汁和糕粿，虽然是由米粉制成，名称中也有一个“粿”字，但潮汕人不认为它们属于粿的一种，因为它们在过去不是供品，今天也不能用作供品。据此我们可以将粿定义为：用粮食粉类制成，适合人神共享的食物。

家有喜事

做粿曾经是时年八节潮汕乡村最动人的风景。（摄影：王裕生）

这里提到的粮食粉类，大米类的俗称“粞”，可细分为占米（籼米或粳米）粞和糯米粞。因为做粿要从舂粞开始，故又称“舂粿”。这是一种很繁重的活计，一臼米往往要舂一两千下才能变成粉粞，过程中还需过筛重舂，但舂粞历来都被认为是家务而不是农活，因而由妇女包揽了。有一首潮汕民谣，描述了一位疼爱妻子的丈夫，为因舂米受伤的妻子着急到处寻医问药的情景：

白头舂米伤着腰，夫婿听知吁吁潮；
寻无乌鸡来补腹，寻无杉板来押腰。
白头舂米伤着脚，夫婿听知走来哈；
寻无乌鸡来补腹，寻无杉皮来押脚。

粞舂好了，接着便是做粿。潮汕的粿品，按味道可分为咸甜两种；按粉粞的来源有粳、籼、糯、麦、薯等；按是否掺入其他成分可分为鼠曲粿（加鼠曲草）、乒乓粿（加槟醅）、朴子粿（加朴籽树叶）、菜头粿（萝卜糕）、荷兰薯（马铃薯）粿、甾粿（加甾酱）、栀粿等；按制作时发酵与否可分为粿或酵粿；按馅的不同又分为笋粿、芋粿、韭菜粿、蒜白、米饭、豆泥、芋泥等；按形状又可分为桃粿、龟粿、生肖粿、五牲粿、三角楼、石榴粿等。潮汕俗语又有“时节做时粿”的说法，需要根据不同的季节、祭拜不同的神明做出不同的粿品。比如春节至元宵要做鼠曲粿、菜头粿、甜粿、酵（发）粿，清明节要做朴子粿和乌饼，端午节要做栀粿（咸水粽）和粽子，七月盂兰节要做白桃粿，八月中秋要做月糕，冬至日要做冬节丸，等等。有些粿品需要使用粿印模压出粿形和花纹，有些则仅用手工捏出造型。即使将这些都学会了，能够做出端正漂亮的各种粿品，还要注意不要被人说成是“会做雅粿”，因为这句俗语的潜台词是只做表面文章或作秀。

做粿迎春

粿和春联一样，寄托着人们祈福消灾的美好愿望。（摄影：翁志雄）

做好的粿还要及时炊（蒸）熟，然后在粿架上放凉。有一些粿品是很难炊制的，比如酵粿、甜粿和菜头粿。酵粿用米粉发酵做成，又叫“发粿”，因为有发家发财的寓意，所以越做越大，甚至还有几十斤重的“大发”。甜粿的原料是糯米粉和白糖，比如用 25 斤糯米粞，则需加入 15 斤的白糖，将其调成稠糊状后，倒入已铺好粿布或腐膜的

旧粿印

有些粿品仅用手工就能捏出造型，有些则需使用粿印模压出粿形和花纹。

圆形盛器中，然后置于笼屉中炊制。一般来说，10斤糯米的甜粿要炊10个钟头，20斤糯米则要炊20个钟头才会熟，潮汕俗语“甜粿好食粞难舂”、“甜粿炊破鼎”和“无可奈何炊甜粿”，都是在炊制甜粿的漫长过程中产生的。菜头粿通常也是蒸成圆形的一大笼甑，再分切为大块的长方形用于祭拜，吃时才改切成小块油煎。在比较重要的节日，这三种粿品都是必需品，三种齐上俗称“三屉齐”，有隆重的意思。

大米之外的杂粮也经常用来做粿，比如用番薯和面粉做成各种动物造型的“番薯饱”、用番薯淀粉做成粉粿和水晶球、用面粉做成蔬萝包（酵粿的一种）。这是因为潮州的传统农业虽然以种植水稻为主，但也会间种番薯、小麦、甘蔗等作物。为了获得丰收，潮汕先民在种植时会准备一些供品向神灵祈福许愿，祈求保佑家族人丁兴旺、生产风调雨顺。到了收获的季节，同样会摆上祭品酬神还愿，感谢神灵消灾赐福、庇佑平安。因为祭祀活动与生产关系密切，祭献的供品也必定与收获的物产有关，即“有什么拜什么”这样一种朴素的酬报方式。

丰盛供品

这种用来放置粿品和三牲的木架称为“粿架”。（摄影：林凯龙）

说粿是人神共享的食物还因为粿品同时兼具酬神、充饥兼保健多重功用。当粿作为供品用于酬神的时候，遵循的原则是“神喜欢什么就拜什么”。用什么粿和拜什么神被假设为人神之间沟通的途径或存在的默契。每年农历十月十五日是潮俗“五谷母生”，五谷母即五谷神或稷神，主宰五谷生长。潮汕的晚造收成时间大约在农历十月初，潮汕俗谚说：“十月十，新米饭，胀到目。”为了答谢五谷母降福消灾的恩德，祈盼来年同样风调雨顺、五谷丰登，需要适时祭拜五谷母。实际上“五谷母生”这样的节日很可能源于畲族的尝新节，一方面潮州凤凰山是畲族的发源地，另一方面畲族是潮州人的族源之一，这就决定了畲族的稻文化对潮汕人有较大的影响。传说五谷母有个快嘴的缺点，所以潮俗在祭拜五谷母时，除了特制一些象形的粿品如谷穗粿、尖担粿、大猪粿之外，有些地方还会像祭祀灶神那样准备一种叫糯米滋的粿品，名义是五谷母喜欢吃，实际是为了糊住五谷母的嘴巴，使她不乱说话从而泄露人间的秘密。

糯米滋又叫“落汤钱”或“胶罗钱”，做法是将软黏的糯米团捏成一些铜钱状的小块，蘸拌上用粉糖和花生、芝麻碎做成的粉料以免粘连。糯米滋吃起来柔软滑嫩、香甜可口。喜欢的人在其他的节日也可买来祭献神明，反正祭拜后自己就有口福了。再比如能消食去积的朴子粿虽是清明节特有的粿品，如果突然想吃，也可在初一、十五或初二、十六买一些来祭拜地主爷。现代人做事情往往会以自己为中心，这叫“我喜欢什么就拜什么”。

（三）茶食泰斗

在地方小吃日益正餐化的今天，还有一大类食物仍在坚守着点心的身份，那就是茶点，潮汕称为“茶配”，京沪称为“茶食”。1949 年中秋节，京剧大师梅兰芳就为上海一家叫“源诚”的潮式饼食店，写下了“茶食泰斗”这样的题词。当年潮商在上海经营的土行、当铺、糖行和饼食店都很出名，潮汕出产的蔗糖大约占上海市场的八成，经营潮州饼食的店家不下 20 家，最老的元利号创于道光十九年（1839），由潮阳和平人马义宗和庄姓

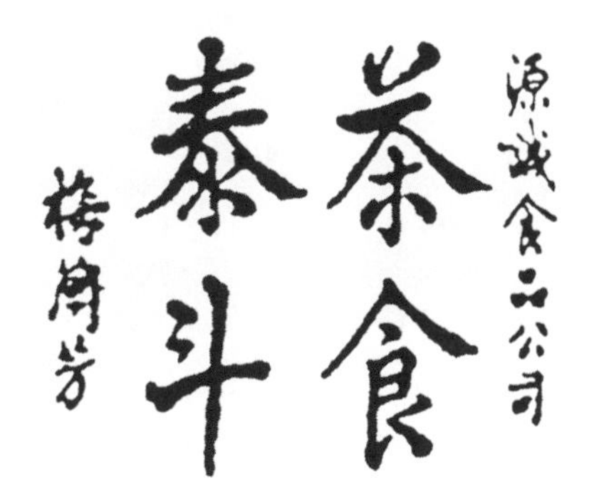

茶食泰斗

1949 年，京剧大师梅兰芳为上海一家叫“源诚”的潮式饼食店写下的题词。

同乡合伙开设。潮式茶食与上海传统的茶点如苏州糕团、糖粥藕、糖炒栗子等有着很不相同的风味，深为当地人士喜爱，而且品种极多，大概是这样的缘故，梅兰芳才会用“茶食泰斗”这种溢美之词来评论潮式茶食。

潮汕的茶配，大概可分为糖饼和蜜饯两大类，驰名的糖饼品种有：老婆饼、膀饼、腐乳饼、糖葱薄饼、乌饼、桃饼、束砂、酥糖、南糖（淋糖）、豆仁方、芝麻条、明糖、姜糖、糖狮（注模糖）、米糕、豆沙糕、老妈糕、芋泥月糕、米润、兰花根、萎花、斋五牲、蛋黄酥等。在潮汕，几乎每县每乡都有不同特色的传统产品，比较出名的有：仙城束砂、达濠米润、海门糕仔、贵屿膀饼、田心豆贡、靖海豆辑、隆江绿豆饼、龙湖酥糖、棉湖糖狮、和平葱饼、黄冈宝斗饼、苏南薄饼等。

蜜饯是我国具有民族特色的传统食物。由于原料不同，口味各异，我国的蜜饯分为京、苏、广、福四大流派。广式蜜饯实际是以潮州蜜饯为代表，驰名的品种有：柑饼、老香黄、冬瓜册、山枣糕、黄皮豉、老药橘、黄梅、化皮榄、苏州橄榄、甘草油甘、柿饼、五味姜、嘉应子等。地方名产则有：隆都柑饼、潮安老香黄、棉湖瓜丁、饶平山枣糕、庵埠五味姜、桥柱柚皮糖等。

柑饼

柑饼是蔗糖时代潮汕最重要的蜜饯制品。

冬瓜册

冬瓜册用冬瓜瓤肉制成，晶莹透亮，清甜爽口，可作茶食，也是潮式饼食、甜汤的原料。

潮州茶配之所以出名，与潮州在清代中期之后成为全国的蔗糖生产中心有直接的关系。从茶配的成分来看，蔗糖在里面所占的比重还是很高的，糖饼类特别是糖葱、酥糖、南糖、明糖等品种，基本就是用蔗糖做成的；束砂包在花生仁外面的糖皮实际是一层用纯净白糖制成的反沙糖霜。蜜饯品种的含糖量也很高，比如糖渍类的黄梅、蜜橘和化皮榄的成品要浸渍在浓稠的糖液中，反沙类的柑饼和冬瓜册经糖渍糖煮后表面还附有白色糖霜，果脯类的菠萝块、杨桃示和姜糖片也要经过糖渍糖煮并晒干，凉果类的苏州橄榄和嘉应子在糖渍或糖煮后甚至还需添加甜味剂。

盐水乌梨

南方山区常见的野果，味似山枣或山楂，煮熟并浸泡盐水能去除涩味。

对于种蔗制糖这种产业，乾隆《漳州府志》是这样说的："俗种蔗，蔗可糖，利较田倍。又种桔（橘），煮糖为饼，利数倍，人多营焉。"潮州与漳州的情形相类似，区别只在种柑还是种橘，橘子经过糖煮后叫橘饼，蕉柑经糖煮后叫柑饼。从这些记载来看，无论制糖还是制饼，都是一种有意识的商业行为，目的是获取更大的利润。进一步推论，以柑饼为代表的茶配产业，完全可以看作是潮州蔗糖业的延伸。

潮州的茶配，有些品种的制作技艺是很高超的，比如糖葱，在明代就已经很出名，被认为是全省第一。当时担任潮州知府的郭子章在《潮中杂记》中这样说："潮之葱糖，极白极松，绝无渣滓。"清初屈大均在《广东新语》中也说："葱糖称潮阳，极白无滓，入口酥融如沃雪。"达濠苏州街原裕号饼食店姚香庭父子是潮汕糖葱绝艺的传人，我曾几次带领报刊和电视媒体前往采访录制糖葱的制作过程，希望这种古老的民俗食物能够长久传承下去。正宗的潮州糖葱通过手拉之后，会像变魔术一样生出 16 个大孔 256 个小孔，就是因为孔多才显得其极白极松。

糖葱绝艺

这种古老的民俗食物需要很高超的技艺才能制成。

荣诚饼家之老街

潮汕有很多历史悠久的老饼家。

荣诚饼家之作坊

云片糕又叫书册糕，片片相贴如书册。出名的如丰顺“万源斋”

和“香泉庄”号的云片糕，据说揭下一片可卷成戒指，点上一根火柴可化为火焰。

潮式蜜饯名产饶平山枣糕，色泽金黄诱人，风味十足，酸甜适口，清代由黄冈镇吴成泉号首创，至今已历时百余年。但我怀疑山枣糕应该就是乌梨糕，原因是潮汕并不出产这种果酱凝胶的原料，但本地有一种称为乌梨的野果跟山枣或山楂很相似。旧时潮汕的孩子多数都有过童谣中“旧铜旧铁哦，油甘乌梨”所唱的经历，就是瞒着父母搜些家里的废旧铜铁卖给小贩，然后买些油甘和乌梨当零食。潮汕当地还流行过一个与山枣糕和乌梨脯有关的笑话。传说有位中央首长到潮州考察，地方领导用山枣糕和乌梨脯两种特产招待首长并热情地请“先吃先糟糕（山枣糕）”，首长一听赶紧将已伸出的手缩回来不敢拿了，地方领导又说“后吃乌来（梨）脯”，首长越听越怕，不知“乌来脯”是什么意思，想想干脆不吃算了。

（四）边走边吃

我们几位爱吃的朋友曾经驱车往返160公里到潮州凤凰镇吃浮豆干。那是位于镇区丰柏路一家叫尤启源的小店，由父女两人主理，每天只卖几百块浮豆干。他们上午在家做豆干，下午开店营业，卖完走人。浮豆干也就是炸豆干，意指油炸时豆干会上下浮沉。潮州凤凰镇跟普宁的洪阳镇一样，街头巷尾到处都是浮豆干的摊档，但我们只认这家小店，理由有三：一是豆干好。好豆干必须有好水质和好功夫。凤凰镇四面环山，出产凤凰单丛和石古坪乌龙两种名茶，其山泉的水质有多好可想而知。好功夫当然是指做豆干的各种方法，包括要将豆渣过滤干净，吃起来才细腻滑嫩。二是炸法好。浮豆干要好吃，必须外脆内嫩，现炸现吃。酒楼的厨师往往贪图方便，将豆干切成小块后再炸。尤启源的豆干都是整块炸的，当豆干皮色金黄时即捞起淌油，然后赤手抓起烫热的豆干，放在砧板上横竖两刀切成四块后装盘，吃起来绝对外脆内嫩。而且每次绝不多炸，瞄着客人吃得差不多了才重炸一盘，真正是现炸现食。三是蘸料好。潮汕炸豆干的蘸料常见的是韭菜盐水和红辣椒酱，尤启源的特色是还有新鲜薄荷叶、野芫荽、蒜泥醋和辣椒醋等。将一小块浮豆干夹着一片薄荷叶，在多种酱汁间轮流蘸取，或满口清新，或咸香酸辣，那是何等的好滋味啊！

潮州城内的百年老店“胡荣泉”，有一种著名的甜食“鸭母捻”。鸭母捻其实就是汤圆，因为在白糖水中煮至浮上水面就熟了，看上去如鸭母泅水一样而得名。胡荣泉鸭母捻的特别之处一是有四种甜馅，分别是芋泥、红豆沙、绿豆沙和油麻糖。为了区别，各种甜馅的外皮包法各不相同，有尖嘴的、平嘴的、浑圆的、凹陷的。二是外皮选用水磨的糯米粉，吃起来弹性和韧性都很好。每次我到潮州经过那里，都会陪客人坐下来吃一碗鸭母捻，或者每人买上一条春饼，边走边吃。

有一部分风味小吃与菜肴相同，只适合让人坐到餐桌上吃。它们宛若带着一种生命的状态，熟后如果不赶快吃掉，滋味和口感都会大打折扣。比如凤凰和普宁的浮豆干、各种各样的蚝烙和煎粿、所有带汤煮熟的小吃、胡荣泉的鸭母捻、配汤的爱西干面、猪杂汤或猪血汤、粿汁或粿条汤，都需要你停下脚步或专程前去仔细品尝。每当看到有人吃完浮豆干之后还打包回去与家人分享，我都会无可奈何地摇摇头，他们的行为令人尊敬，但想到那些回家后已回湿变软的浮豆干，我就会为这些被糟蹋了的美食叹息。

凤凰豆干

炸豆干讲究外脆内嫩，最好是现炸现食，而且要整块炸至酥脆，再趁热切成小块。

另一些风味小吃则具有菜肴少见的两种品尝方式：它们能够被人边走边吃或者随身带走。边走边吃这个词组，也可以被理解成出门旅游寻找美食，比如本书的书名也可以改为《边走边吃——潮汕自驾游美食攻略》，一看标题就知道是什么意思了。但我要说的是一边逛街一边吃东西的那种行为。或许这正是地方小吃最古老的存在方式：设想我们正行走在唐宋的皇城根或《清明上河图》描绘的街市中，沿途食肆林立，摊档满街，随便买了些胡饼、米糕吃着，突然闻到一阵异香，原来是最喜爱的臭豆腐和烤羊肉串……这样一路走来，一路旁若无人地边走边吃。

适合边走边吃的小吃必须是容易携带和容易吃的。大部分潮汕茶配都适合边走边吃，你可以一手拿着装茶配的包装袋，另一手不停地从袋里掏食物吃。这种情形在临吃正餐之前尤其是饥肠辘辘之时最常见。潮汕俗语“嘴湿三分力”，意思正是肚子饿乏力时即使喝口水都能让人振作起来。

有意思的是，著名的潮汕牛肉丸和鱼丸，如果用来煮汤并在正餐出现，便是菜肴。但如果用竹签串起来烤熟了，让人边走边吃，那就变成了地地道道的小吃了。这个例子说明，菜肴和小吃往往是可以互相转化的。

适合当作手信的小吃必须容易携带而且极耐保存。人们到陌生的地方旅游，大都喜欢买一些当地的特产当手信带回家。从这个角度考虑，大部分潮汕茶配都很适合随身带走；如果路程不太远或能及时赶上飞机航班，则还有更多的潮汕小吃可以随身带走。这里我向大家推荐如下几种潮汕名产：

晒柿饼

柿饼是柿子去皮后晒成的饼状食品，金黄透亮、柔软甜美，能润心肺、清热解渴、止咳化痰，也可做点心馅料。

甜粿。和普通年糕绝不相同。潮汕俗语“无可奈何舂甜粿”，指早期潮汕人为生计所迫背井离乡过番，出行前必定要炊一笼屉甜粿带到船里做干粮，原因是甜粿特别耐饥并且极耐存放，即使表面发霉，擦干净后仍能食用。切成薄片蘸蛋液油煎，也很美味可口。

腐乳饼。传说这种著名的饼食是不小心将多种原料奇怪地混合在一起而成的，这些原料包括白猪肉粒、蒜头、南乳、花生、芝麻、面粉、鸡蛋、酒、白糖等。所以腐乳饼具有一种奇香异味，好吃而且极耐存放，甚至还是送礼的佳品。

老香黄。用佛手柑（又名“香橼”或“枸橼”）为原料经腌制而成。过程中需加蜂蜜和多种药材，制作工序繁杂，有所谓“九蒸九制”的说法。需封置于瓦瓮中，封置时间越长，看上去越油亮漆黑。切一片泡水，据说可治咳喘，理气和胃。

柿饼。有一次国庆前后我从饶平浮山镇坪洋村经过，看见路边红彤彤一大片的柿饼。停车一看，红色的都是半干的，晒干了反而会挂上一层白霜。于是我买了些回家放冰箱中，吃起来竟然很像甜粿，实在意想不到！

潮式凉果

潮式凉果又称“广式凉果”，指以果蔬为原料，经腌制、糖（蜜）渍处理加工而成的零食。（摄影：陈志强）

九、潮食理念

（一）注重食材

潮州自古就以食材丰富著称，一千多年前韩愈在《初南食贻元十八协律》中即提到鲎（东方鲎）、蚝（牡蛎）、蒲鱼、蛤蟆、章举（章鱼）、马甲柱（江瑶柱）等数十种食材（原诗是这样说的：鲎实如惠文，骨眼相负行。蚝相黏为山，百十各自生。蒲鱼尾如蛇，口眼不相营。蛤即是蛤蟆，同实浪异名。章举马甲柱，斗以怪自呈。其余数十种，莫不可叹惊）。唐朝人段公路和刘恂也在《北户录》和《岭表录异》中提到潮州的物产，有长二尺的红虾，又将烧烤的血蚶称为“天脔炙”，将野象的鼻子割下来烧炙并称之为“象鼻炙”。清末记录澄海樟林这个旧时代红头船港口繁华景象的方言歌谣《游火帝歌》，讲到当地出产的蔬菜杂粮时是这样说的：

早时到市菜共羹，
菠菱芹菜黄豆生（芽），
大菜（芥菜）白菜荷兰豆，
冬瓜秋瓜共番瓜。
茼蒿芫荽六茄蒜，
粉菜馨菜格兰花，
真珠蕞菜菜仔棕，
菜头番茄吊瓜葱，
青茄白茄甲（与）粉豆，
苋菜应菜斗大丛。
芋头芋卵芋枝仔，

蕃葛多种价不同。
亦有番种英哥番，
又有惠来鸡蛋红，
文来（文莱）双（松）种白菜仔，
大叶婆种双又馨，
赤种花种在粪堆，
乌叶白叶灰伙匏，
贡种绝种甜粿种，
三廉婆种赤米龟。

里面总共提到了30种蔬菜，另有17种番薯（蕃葛）。这些食材有很多是从国外引进的，如菠蓤（菠菜）、荷兰豆（青豌豆）、番瓜（南瓜）、番茄、青茄（昆仑瓜）等，而番薯全部都是明代之后才从南洋引进的。

这些例子说明，潮州人是非常注重食材的，除了充分利用当地丰富的物产之外，还通过早期潮州海商“往来东西洋，经营南北行”的活动，引进了海内外不少作物在家乡种植食用。早春二月，北国还是天寒地冻只有大白菜的季节，樟林的潮州人互忙着游神和请客，他们的桌席上摆满了鸡、鸭、鹅、鱼、猪和粿品等祭神供品，还有各种各样的蔬菜副食。潮菜一向以选料广博奇异、品种花样繁多而闻名，这一特点也许很早以前就形成了。

鱼、虾、蟹

“本港”情结的背后，反映的是潮汕人对美好食材的追求。（摄影：韩荣华）

在现代，潮汕人注重食材的突出表现是普遍存在一种“本港”情结。所谓本港，历史上原指当地出产的鱿鱼干，称“本港鱿”。后来这个概念扩大到泛指潮汕海域出产的一切海鲜。在菜市场上，同样一种海鲜，本港货通常会贵三分之一以上的价格。本港的潜台词包含有新鲜、质好、价高等多重意思。其他城市如广州、上海等高档一些的潮菜馆，几乎都有专人驻汕采购，每天将本港海鲜等食材托运出去。我曾经多次询问过那些餐饮经营者为什么不直接在当地购买食材而要舍近求远、舍便宜而求贵价？得到的回答是质量较有保证。实际上本港货除了本身质量较好之外，还在于潮汕人对食材有一种尊重的态度，新捕获的海鲜都会及时保鲜、及时加工并且及时上市，故往往品质都比较好。换句话说，“本港”情结的背后，反映的是潮汕人对美好食材的追求。

大响螺

一种高级食材，常用来白灼或烧烤。康熙《饶平县志》说响螺“壳可吹号，味甘”。（摄影：翁志雄）

（二）崇尚本味

潮菜的主要烹调技法虽然包括炊、炖、炆、煎、炒、炸、焗、泡、扣、醉、淋、焯、卤、熏等十几种，但炸、烧等方法其实很少使用，熏也只限于潮阳的贵屿和潮南峡山等个别乡镇个别店户熏制鸭脯和猪肉时使用而已。潮汕俗语“炊炖炆焯，刣片截斫”，指的就是潮菜最常用的四种烹法和四种刀法，其中“炊”相当于“蒸”，“炖”指慢火汤煮，“炆”与“焖”相同，“焯”包括了“灼”、“涮”或“飞水”多重意思，都是比较能保留食材本味的技法。

以烹鱼来说吧，其他菜系多用烧法，如鲁菜的红烧鱼和川菜的干烧鱼。烧鱼无论最后勾不勾芡汁，都需要将鱼先炸一炸。但潮汕人认为，鱼一经油炸，其鲜味便会丧失或大减。所以潮汕人煮鱼的方法主要是炊和煮，通常只对不太新鲜的海水鱼或腥味较重的淡水鱼才用到炸。如果将同一种鱼按不同新鲜度对应最适宜的烹饪方法，大概极新鲜的可对应炊和煮，一般新鲜的可对应烧、煎和炸，不太新鲜的只能盐腌成咸鱼，很不新鲜的继续盐腌制取鱼露。潮菜注重食材、讲究鲜活的原因与常用炊和煮的烹饪方法有关。不过由于旧时没有条件建设海鲜池和给鱼输氧，难以做到让海鲜保持生猛，因而吃鱼讲究的只是那种极新鲜的“就流鱼”（当次鱼讯）而已。有一首经考证确认为很古老的潮州民谣是这样唱的：

欲食好鱼着就流，六娘生雅名声褒。
做知红颜多薄命，桃花白白走一遭。

因为崇尚食材的本味，烹饪时少加或不加调味料，潮菜在一般人的印象中是比较清淡的，但在一些美食家眼里惊为天物。吃过潮菜冻红蟹的作家闫涛在一篇叫《冻蟹之美胜于情人》的文章中说，冰冻过的清蒸红蟹是他的最爱，其味道无与伦比！这种熟红蟹与熟龙虾以及各种各样的熟鱼统称为“鱼饭”，外地人则多称为“潮州打冷”，都是地地道道的潮汕渔家菜。煮鱼饭有很多秘诀，渔家大批量加工的，要将鱼装在竹篓里，一层鱼一层盐，然后在盐水里煮熟。家庭做鱼饭，为了保持熟鱼美观的品相，多数用清蒸，但懂吃的会将鱼先用盐水浸泡，使鱼肉入味，肉质紧密并去除腥味。做红蟹饭或龙虾饭，为使煮熟后不怕翻动，水煮反而比清蒸要好，煮时要将虾蟹先用冰水冻昏以免脱脚，如无冰水也可放冷水中慢慢加热，让虾蟹们在温柔乡中不知不觉被煮熟。因为红蟹和龙虾都生活在较深的水域，自身所带的咸质或盐分较重，煮时不需要加盐，只需用清水煮熟即可。最后一个秘诀是，煮熟后的虾蟹不要马上捞起来，要让它们在汤中自然冷却并吸足汤汁，然后再捞起来用保鲜膜封存放入冰箱冷藏，这样吃起来肉质才鲜美有滋味。

木雕蟹篓

潮汕盛产虾蟹，木雕艺人也很喜欢以虾蟹为题材进行创作。

鱼饭上桌时照例都配有酱碟，通常鱼类会用普宁豆酱，虾蟹配橘油和芥末酱油，薄壳米配酱油或梅汁。传统潮菜“生菜龙虾”和“生菜大明虾”，做法是将龙虾饭或明虾饭去壳切片，然后夹上火腿片和煮熟的鸡蛋白片，摆放在用番茄和生菜铺底的盘子里。最出彩的是伴随菜肴同时上桌的那两碟类似沙拉的作料，要将煮熟的鸡蛋黄用刀压成茸泥，盛碗中并用生菜油开匀，再加入芝麻酱、梅膏酱、茄汁、芥末、精盐和鸡粉，搅匀装碟。朱彪初大师在菜谱下面这样注释：“此菜是大型冷菜，色泽多彩，造型美观，肉鲜爽口，蘸上酱料味更佳。有酸、甜、香、辣之味，是潮汕名菜之一。此菜也可中菜西食。”

用酱碟作料来对菜肴进行辅助调味，使一菜一味或多味，这是潮州菜特有的烹制后调味的饮食方法。更深入一点说吧，理论上可以将一切调味的方法分成如下三种：第一种是烹制前调味，比如下锅加热之前先用酱油、料酒和胡椒粉将原料腌制一下。第二种是烹制时调味，包括下锅加热过程的调味和加热后的调味，比如先用洋葱、姜丝和红辣椒丝爆香，再与牛肉一起爆炒，西式牛排烤好后要浇上黑椒酱；粤式蒸鱼起锅后上桌前要将沸油浇淋到鱼身上的青葱丝和红辣椒丝上面，接着还要淋上蒸鱼豉油。第三种是烹制后调味，是厨师在烹饪完成之后为菜肴提供的作料味碟，相当于菜肴伴侣，完全由食客自主取用。

酱碟作料

通过酱碟作料来对菜肴进行辅助调味，是潮州菜的一种饮食方法。（摄影：翁志雄）

烹制后调味在其他菜系中是较为少见的，但在潮菜中是很普遍的现象，有时我们甚至可以根据上不上酱碟来判断所吃的是不是正宗的潮菜。烹制后调味的意义，一是能够使菜肴保持食材的本味和原汁原味，二是可以调节个人的口味，解决了“众口难调”的烹饪难题。比如四川人吃潮菜，如果嫌太过清淡也可以另外索要麻辣的作料。实际上一些高档的川菜也是非常清淡的，比如开水白菜，说明无论何种菜系，对本味的追求都会殊途同归。

（三）讲究养生

远在北宋的时候，潮州先贤吴复古就提出了一些利用食物养生的主张。吴复古又名吴子野，对食物和养生很有研究，他曾经到惠州教苏东坡烤芋，说芋要去皮烤食才能益气充饥（参见苏轼《煨芋贴》）。还教苏东坡养生之法，后来苏东坡据此写成《问养生》，文中说“余问养生于吴子，得二言焉：曰和，曰安……安则物之感我者轻，和则我之应物者顺。外轻内顺，而生理备矣”。元人李杲的《食物本草》还说：“苏轼贴云，夜饥甚，吴子野劝食白粥，云能推陈致新，利膈益胃。”一般认为，潮州人的食糜习俗跟吴复古的提倡有很大的关系，潮州气候炎热，流汗过多，而糜正好能够生津养胃，充饥解渴。

药膳同功

“药膳同功”的意思是食物可以具有药物的保健功用，而药物也可以具有食物的营养价值。

潮州人讲究食物养生，首先是从选择食材开始。他们对食材不但注意新鲜还讲究时令，强调“适时而食”和“不时不食”。下面所列的方言俗语，就是表述这种理念的：

正月：正月尾，番薯赢过甜粿；正月带鱼来看灯；正月韭菜免落油；正月虾姑，二月蟹猴；正月乌脐乱捏人。

二月：二月春只假金龙；二月清明鱼如草，三月清明鱼如宝；二月羊官（鳢鱼）去娶妻。

三月：三月黄只遍身肉；三月三，鲈鱼躺埕脚；三六九成（鱼）肥过龙；三月枇杷，四月吊瓜；三月鱼，四月薯；三四卖杨梅，五六煠草粿；三四桃李柰，七八油甘柿。

四月：四月巴浪身无鳞；四月八，金瓜豆角有得摘；四月梅落沟，乌鱼乌乌甭梳头。

五月：五月好鱼马鲛鲳；五月鲫鱼率仔落河池，沙虾躬身去迎接；五月荔枝树尾红，六月蕹菜存个空。

六月：六月沙尖上战场；六月谷上埕，泥鳅田中去寻兄；六月乌鱼存支嘴，苦瓜上市鰗鱼肥；六月初六担西瓜；六月苋菜，猪母也勿；六月鲤姑，七月和尚；六月鲫鱼存支刺；六月“厚水”（章鱼），肥过鸡腿。

七月：七月赤棕（真鲷）穿红袄；七月七，多年（桃金娘）乌，龙眼痛；七月半，鱼虾憨；七月那哥甜过虾；七月番薯八月芋；七月半鸭，毋知死活。

八月：八月红鱼做新娘；八月鳖母生卵上沙洲；八月是中秋，星鱼水帕（海蜇）海中泅。

九月：九月赤蟹一肚膏；九月鱼菜齐；九月柿，好食到难耐；九月蕹菜蕊，食赢鲜鸡腿。

十月：十月冬蠘身无毛；十月草鱼结成双；十月十，新米饭胀濒目；十月菜头当洋参。

十一月：十一月墨斗（乌贼）收烟幕；十一月鱿鱼墨斗骂尔匙；十一月柑皮红。

十二月：十二月海底鱼虾真正多；十二月黄鲷伴妻去游行；十二月大菜——有心；十二月蔗——尾甜。

其次是创造出很多具有养生保健作用的潮汕美食：

七样羹愈吃愈后生。源于晋代河南中州古俗的“七样羹”，是一种著名的健康食品。据南朝梁代人宗懔的《荆楚岁时记》所载，当时的习俗是："正月七日为人日，以七种菜为羹。"因为潮汕人的先祖多数来自河南，因而这种"七样羹"食俗被完整地保存了下来，连名称都没有改变，正月初七这天堪称潮州人的蔬菜节，每家每户都要吃用七种蔬菜与猪肉汤煮成的七样羹。又有民谣这样唱："七样羹，七样羹，大人吃了变后生（年轻），奴仔（小孩）吃了变红芽（面色红润），姿娘仔吃了如抛（朵）花。"

鼠曲飘香。鼠曲也是一种古老的食俗，梁代宗懔的《荆楚岁时记》中记载："是日（三月初三），取鼠曲菜汁作羹，以蜜和粉，谓之龙舌柈，以厌时气。"潮汕人常将鼠曲草舂烂，糅合米粉做成鼠曲粿，用以酬神和充饥兼保健，是一种人神共享的美味佳肴。鼠曲粿还衍生出被评为"中华名小吃"的揭阳乒乓粿。

苦刺心汤

清明时节采摘这种野菜来煮食，是潮汕常见的食俗。

野菜美食苦刺心。清明时节采摘后与豆芽或猪肉同煮，潮俗认为食后可以清血解毒。经考证，苦刺学名"白簕"，别名"三加皮"或"三叶五加"，可治疗风湿麻木、跌打损伤及咳嗽，有舒筋活络、祛风除湿、理气、止咳之效。

男人也吃益母草。潮汕人吃益母草的风气极其兴盛。不但产后或月经不调的妇女要吃，男人也将益母草幼苗当成蔬菜来吃。菜市场一年四季都有鲜嫩的益母草苗出售，通常的做法是去掉根头部分后与猪肉或猪杂同煮。

真珠花菜猪血汤。真珠花菜学名"白苞蒿"，别名"鸭脚艾"。吃真珠花菜实际是古代先民用艾习俗的遗存。民间传说吃后能去除体内毒质，做法是常与猪杂猪血同煮。有很多潮菜常将炸酥后的真珠花菜摆放在盘边，已故潮菜大师朱彪初认为只有这样做才是正宗的潮州菜。

清热解毒朴子粿。朴子树属榆科植物，树叶微苦性凉，有消肿止痛、清热解毒的功效。将朴子树的嫩叶磨成汁，拌大米粉做成绿色的“酵粿桃”，是一种美味的潮汕小吃。

霍斛石螺鸡。春养肝。能滋阴平肝明目，最适宜春天享用。

冬瓜水鸭汤。夏疗心。所谓春养肝，冬固肾。夏日常食能清热、消暑、生津、消滞。

橄榄炖猪肺。秋补肺。气味清润甘甜，具清肺润燥、养阴止咳之效。

苦瓜猪肉煲。可能是我国现存最古老的苦瓜菜肴，曾被胡朴安的《中华风俗志》记录为潮州人的奇异食俗之一。此菜具有清润甘甜、清肺润燥、养阴止咳之效。

北芪老鸽汤。常用配料有党参、桂圆、枸杞，有补肾、养血、益气、生津的作用。

肉蟹炖熟地。炖时常加入红枣和姜片，具有助气、补中、平肝火的功效。

排骨炖莲藕。莲藕原产印度，能消食止泻、开胃清热。用排骨清炖莲藕，有药意而无药味，是滋补养性的佳品。

碱水粽。端午节各地所吃的“栀粽”和潮州凤凰镇的“枕头粽”都属于碱水粽，利用蒲姜叶烧成的草木灰溶液使糯米熟烂，容易消化。用于着色的黄栀子，则是我国首批公布的药食两用植物，具有清热、利尿、凉血、解毒之功。

黄麻叶。黄麻嫩叶含有黄麻甙和甾醇，有保护血管和强心的作用。潮汕人常用黄麻叶代替园蔬，氽水后加蒜泥豆酱炒食。

甜姜薯汤。姜薯是潮汕的特产和民俗食品。与淮山药一样有健脾、益胃、补肾的功效。

脚鱼炖薏米。中医认为，脚鱼（也称“鳖”、“水鱼”）肉滋肝阴、养筋活血，但滋阴的东西往往会引起滞气，故在这款炖品中以能利水的薏米作配料，不但使炖品能除去腥臊、增加鲜甜，还能化解滞气的现象，真可谓一补一泻，一动一静，配合得天衣无缝，符合中医配伍的原则。

十、潮菜天下

（一）三大流派

1940 年，文学大家郁达夫先生在新加坡主掌《星洲日报》副刊期间，曾应邀赴“醉花林”参加盛宴。“醉花林”历史悠久，创立于 1845 年，是潮州富商的私人俱乐部，当年便以厨师一流、潮州菜式正宗驰名，但需熟人引见才能进入品尝。当天陪伴郁达夫的有李伟南、陈振贤、杨缵文等潮商领袖，在座的数后来成为大银行家的连瀛洲最年轻，他向郁达夫敬酒时说：“郁先生好酒量，我的‘华兴’就在《星洲日报》毗邻，往后先生要酒，可随时嘱建奕兄来拿，不必客气。”蔡建奕先生后来在回忆文章中说，郁达夫还真让他去拿过两三回酒，每次都是拿两瓶轩尼诗万兰池（白兰地）酒，拿到后即开瓶与报社同事痛饮。

2011 年 5 月，我在新加坡受到被誉为“潮州菜南洋流派”代表人物的李长豪先生在他经营的发记潮州酒楼

醉花林对联

至今有 166 年历史的新加坡“醉花林”是潮州富商的俱乐部，1940 年，郁达夫在该处宴饮后欣然撰写“醉花林”嵌字联：“醉后题诗书带草，花香鸟语似上林。”（谢佳华书）

的盛情款待。席间他特地开了一瓶存放几十年的轩尼诗万兰池陈酒，想来应该类似郁达夫先生当年喝过的那种了。他还亲自动手烤了一只潮式乳猪来下酒，这种烧乳猪虽然在朱彪初的《潮州菜谱》中也有记录，但潮汕本地的酒楼已无人经营这一菜式了！发记潮州酒楼还有不少古早味的潮菜，比如“潮式古法炊鲳鱼”和“龙穿虎肚”，都在香港翡翠台蔡澜先生的美食节目中播出过。

发记好鲍鱼

新加坡发记潮州酒楼的李长豪先生将传统的潮式焗鲍发扬光大了，连蔡澜先生都乐得竖起大拇指称赞。

南洋流派潮菜存在于新加坡、马来西亚、泰国等海外潮汕人较集中的地方。这个流派的潮菜很奇特，常能将很传统的潮汕口味和南洋的异国风味糅合在一起。蔡澜先生曾经著文说，“根据张新民这本书(注：指《潮菜天下》)，再到潮汕去发掘，怀旧的潮菜可能会一样样出现。怀旧菜，是一个巨大的宝藏，我们不必创新，只要保存，已是取之不尽的。再下来，可以到南洋去找回原味，华侨们死脑筋，一成不变，传统潮菜，却让他们留了下来”。

另一个潮菜流派通常称为“香港潮菜”或“港式潮菜”，比如九龙城的汕头澄海老四酒家和湾仔的汕头荣兴潮州菜馆。有一次，蔡澜先生带我去吃九龙城的创发酒家，还没进门就吓了一跳，只见门口的海鲜池里倒插着二三十个大响螺，面街的玻璃橱窗里也吊着二三十只煮熟了的大红蟹和龙虾仔。进到店里，看见明档里潮菜熟食应有尽有，光鱼饭就有四五种，红焖乌耳鳗、猪尾煲豆仁、猪肠煮咸菜、红炖翅、卤猪脚、炣春菜、煎咸鱼、菜头汤，都用大锅煮熟冒着诱人的香气。明档的好处是，客人不用知道菜名叫什么，看见好吃想吃的，只需用手一指就能够点菜。而且明档带有快餐的特点，往往点完菜刚坐下，那些事先已经煮熟了的食物很快就会送到面前——这类食物有一个很好听的名字：潮州打冷！在今天，随着港式潮菜风靡内地将近30年，“潮州打冷”已经称得上是一种通用语了，“冷盘、现成”的意思早已为食家们所熟知。

从菜肴风格来看，香港潮菜的最大特点是专走高档路线，在用料上常能采购到世界各地最高档的物产，如产于珊瑚礁的生猛老鼠斑、日本的网鲍和吉品鲍、澳洲的象鼻蚶和大龙虾；在烹调技术上融合了中西各种技法，注重形状、色彩和营养；在经营上则采用品牌连锁经营方式，比如由马介璋先生创立的佳宁娜潮州菜酒楼，在香港和内地很多个城市都设有连锁分店。可以说，20多年来，中国内地劲吹的高档潮菜风，其策源地就是香港，其开山鼻祖正是香港潮菜。

采访林自然

新加坡“美食寻根”电视节目采访被誉为“现代潮菜之父”的林自然美食大师。

第三个流派是潮汕本土传统潮菜，特点可用“传承久远，根深叶茂，堪称正宗”来概括。最著名的例子是公元819年韩愈遭贬莅潮时写过一首叫《初南食贻元十八协律》的诗歌，里面记录了鲎、蚝、蒲鱼、蛤、章鱼、江瑶柱等数十种潮菜原料和盐、醋、花椒、酸橙等调味料。与韩愈同为唐朝人的段公路和刘恂也分别在《北户录》和《岭表录异》中记载了红虾、象鼻蚶等潮地奇异的物产和食俗。但严格意义上的潮州菜，应该产生于20世纪初。据1934年《汕头指南》记载：“本市酒楼、茶店、饭馆共30余家……故酒楼营业蒸蒸日上。”由于有了稳定的餐饮经营场所，许香童等很多潮汕乡间的“做桌”厨师聚集到汕头这个新兴中心城市，他们互相切磋厨艺，推动潮菜走向成熟。但在新中国成立前夕，很多潮菜厨师也随着潮汕商人远走海外，之后由于意识形态的原因互相隔绝，为了生存各自独立发展，最终形成了潮汕本土、香港和南洋三种不同风格的潮州菜流派。

在食物最缺乏的那些年代，比较高档的食材近乎全部绝迹，城市的饮食摊档被当成“资本主义尾巴”遭到关闭。但即便如此，本土的潮菜仍然得到了保留和发展。原因是当初产生潮菜的环境和土壤并未消失，渔民依然在海边捕捞和生产各种鱼饭，乡间市集的小贩仍在售卖粿品和小吃，各种与祭祀有关的菜肴和甜品也从来没有中断和废止过，更重要的是家中的阿妈仍然健在，每逢时年八节仍然亲手舂糈做粿和刣鸡炊鱼。

在20世纪80年代末，潮菜大师朱彪初编辑出版了堪称潮菜经典之作的《潮州菜谱》，对传播潮菜文化起到了极大的推动作用。《潮州菜谱》的意义，一是荟萃了潮菜的传统名肴，从燕翅鲍参肚各种高档食材到较普通的鱼虾蟹螺，包括做法独特、工夫独到的潮式汤菜和素菜，书中都有详细的介绍。二是汇集了正宗传统潮菜的烹饪技艺和诀

潮州老饕

被称为“潮州老饕”的香港名医高永文，经常出入香港的潮州酒楼暴食腌血蚶、卤味、鱼饭等美食。（摄影：张恩伟、傅俊伟）

窍，包括对原材料的处理如鱼翅、海参的发制，烹制过程的操作步骤，火候的控制，酱料的搭配和制作，注意事项的提示等。可以这样说："朱彪初的《潮州菜谱》，对本土传统潮菜作出了划时代的概括，从内容到形式都对传统潮菜进行了规定。"

潮菜在本土之外出现的多流派现象，在其他菜系中是极其罕见的，用流行的菜系理论也是难以解释的，因为菜系的最大特征就是具有明显的区域性。但如果采用历史更久远的"帮口"即"商帮口味"的视角，则一切问题都会迎刃而解。海外潮州菜，本质上只是潮汕传统饮食文化与所在国饮食文化融合的产物，是历史上潮州帮口的一种社会变迁。

菜系或帮口，说到底只是一种饮食文化。正是源远流长的潮州饮食文化，才使潮州菜或潮州帮口显示出强烈的超区域性和顽强的生命力。

（二）现代潮菜

现代潮菜是相对于传统潮菜而言的。如果我们稍为留意，就会发现今天在酒楼食肆吃到的潮州菜跟过去相比已经有了很大的不同。我们先不说"文革"期间在当时潮汕最高档的食府汕头大厦吃到的潮州菜，在那个物资极其匮乏的年代，饮食业多数实行"瓜菜代"，就连"干炸果肉"都是用八成薯泥和两成猪肉做成的，"虾米笋粿"几乎不加虾米和香菇，"炒糕粿"也不加蚝和虾等配料。我们就以 1988 年 11 月初版的《潮州菜谱》来说，潮菜大师朱彪初在这本潮菜经典读本中所列举的那些潮菜传统名肴，又有多少仍然被潮菜厨师们记着呢？比如著名的潮州红炖鱼翅，还有仙子百花鸡、芋茸香酥鸭、荷包白鳝汤等传统的潮州手工菜，已经从潮州菜馆中消失了。

但如果换一个角度来看，美食应当跟随时代而发展，潮菜的这些变化似应属于一种自然规律。实际上，无论是严格意义的潮州菜品还是各种点心小吃，无论是在潮汕本土还是外地的那些潮菜餐馆，整个社会都在对潮菜进行着不同程度的改良。这种改良有的是因为有了新的食材，有的却是因为原材料供应短缺，有的是为了美味或健康而进行的创新，有的却是因为学艺未精而胡乱涂鸦。从结果来看，有的取得了极大的成功，有的却完全失败了，有的越改越好获得同行的交口称赞，有的却越改越差最终惹来骂声一片。

我们将改良成功获得社会认同的潮州菜，用“现代潮菜”这样的新名词来称呼。现代潮菜，可以看作是对传统潮菜的复兴运动，其产生依赖于两个条件：第一是对传统潮菜有很充分的认识，第二是广泛接受了外来的饮食思想和烹饪技法。近些年来，随着汕头市美食学会和其他一些机构的设立，美食家和潮菜厨师纷纷投身到潮菜研究中来。他们对潮菜的历史、文化和习俗进行了系统而深入的考察，又用现代的烹饪方法不断地对潮菜进行改良，所取得的成果可以说是多方面的。其中影响较大的饮食文化专著包括：张新民著的《潮菜天下》（上下册），许永强著的《潮州菜大全》和《潮州小食》，余文华著的《潮州菜与潮州筵席》，陈汉初主编的《食在潮汕——潮汕老字号美食》，吴奎信、丘彪、吴湘红著的《潮汕食俗》等；菜谱方面的著作则有林自然著的《林自然精细潮州菜谱》，萧文清主编的《中国正宗潮菜》，黄楚华著的《潮州家常菜》等。

这个时期潮菜领域出现的划时代人物是被誉为“现代潮菜之父”的林自然美食大师。林自然先生堪称一位江湖奇人，一生飘零但嗜食，50 岁时终于领悟美食真谛，融各派所长而自创“大林精细潮州菜”，成为一代潮菜大师。他创制的豆酱焗蟹、花雕乳鸽、腌大闸蟹、脆皮婆参、苦瓜猪肉煲、金瓜煲、肉丸苦刺心等名肴，被公认为是现代潮菜的经典之作，在潮菜酒楼和潮汕人家中广被学习模仿。

卤肥鹅肝

现代潮菜的特点之一是以“美味”而不是以“正宗”为标准来做菜，服务对象面向除潮州人族群之外的更多人群。

与传统潮菜相比，我认为现代潮菜有如下三方面的特点：

第一，受众更广，评判标准由“正宗”变成“美味”。现代潮菜如要走向世界，就必须确立服务对象应面向不同国家、不同种族、不同地区人群，而不仅仅是潮州人族群这样一种指导思想。相应地，对潮菜的评判标准就不应该再是“正宗”而应该是“美味”。在此基础上对潮菜进行必要的改良，包括采用“中菜西食”的分餐形式，采办更多来自世界各地的健康食材和作料，吸收其他菜系的烹饪手段，研究潮州菜与葡萄酒、威士忌酒和白兰地酒的搭配，等等。

花胶炖菌

现代潮菜的特点之二是改良传统的潮州菜，弘扬潮菜原汁原味和注重养生食疗的传统，让其更加迎合当代国际绿色健康的饮食潮流。

第二，更加迎合现代国际健康养生的饮食潮流。众所周知，潮菜具有注重食材、崇尚本味、讲究养生的鲜明特点。这种以味为核心，以养为目的的饮食理念正好是现代饮食界所追求的目标，也是当今国际饮食潮流发展的趋势。现代潮菜更加有意识地迎合这种饮食潮流，一方面是对重糖多油和不符合绿色饮食的那部分菜肴进行批判性改良，另一方面又将潮菜的优良特点发扬光大，使其在整体上更加符合现代人对健康饮食的追求。以鱼翅菜来说，传统的潮州红炖翅要将鱼翅与猪皮、猪脚、五花肉、老鸡、排骨、瘦肉、火腿、干贝等辅料一起长时间熬制，使鱼翅胶质析出，与汤汁融为一体。其口感虽然特别，但耗时费料，且长时间熬制的过程中营养成分也容易转变为有害物质，因而以林自然为代表的现代厨师大都主张用新鲜的上汤鱼翅代替红炖鱼翅。又如对于既甜又肥的芋泥，同样主张用不饱和油脂甚至橄榄油来代替传统的猪油。

盐焗尔匙

现代潮菜的特点之三是创新烹饪技艺使之更加精细化和科学化。图为汕头大林苑出品的盐焗尔匙（莱氏拟乌贼）。（摄影：詹畅轩）

第三，创新烹饪技艺，使之更加精细化和科学化。现代科学日新月异，要善于利用各种现代炊具和烹饪技艺使现代潮菜更加精细化和科学化。比如改革老火熬汤的方法，用高压锅短时间内将精华物质萃取出来，用冷冻技术保鲜和改善腌制类海产品的风味，用不粘锅煎鱼和蚝烙等。甚至可以借用创新前卫的分子料理对潮菜进行改良，让潮式卤鹅肝和腌咸膏蟹以一种让人意想不到的形式上桌。

附录：美食地图

新加坡

醉花林

地址：新加坡庆利路 190 号（190 Keng Lee Road Singapore）

电话：6567323637

发记潮州酒楼

地址：新加坡厦门街 74 号（74 Amoy Street Singapore）

电话：6564234747

泰国

曼谷银都鱼翅酒家

地址：483 –5，Yaowarat Road，Corner Chalermburi Bangkok 10100，Thailand

电话：66026230183

越南

泰国村鱼翅胡志明市加盟店

地址：胡志明市 38，Ly Tu Trong Street，Ben Nghe Ward，District 1

电话：84439381168

香港

创发潮州饭店

地址：九龙城城南道 62 号地下

电话：00852 –23833114

汕头澄海老四酒家

地址：九龙城龙岗道33～39号地下

电话：00852－23826899

北京

一道香酒楼

地址：崇文区珠市口东大街15号（国瑞地产大楼西）

电话：010－67075988

安华城大酒楼

地址：东城区东长安街33号北京饭店A座首层

电话：010－65233888

上海

大有轩精细潮菜

地址：长宁区虹桥路1829弄2号（近水城路）

电话：021－62757978

潮府酒家

地址：广中西路288号1～2楼大宁灵石公园内

电话：021－57575777

朝代潮州海鲜大酒楼

地址：长寿路155号调频壹广场五楼

电话：021－31315096

广州

大林苑世家精细潮州菜食府

地址：滨江东路795号新珠江大酒店内（近中大北门）

电话：020－34255211

大有轩精细潮菜

地址：桥德宝花园会所一楼

电话：020－34623218

深圳

佳宁娜友谊广场大酒楼

地址：罗湖区人民南路2002号佳宁娜友谊广场四楼

电话：0755－25182398

惠州

大林苑世家精细潮州菜食府

地址：江北金裕碧水湾三景园A2栋三楼

电话：0752－2883999

厦门

嘉华潮苑大酒楼

地址：湖滨中路24号碧宫酒店四楼

电话：0592－5714999

汕头美食地图名录

（第一部分　金砂路以北，金新路以东，见附录“汕头美食地图1”）

1. 大林苑精细中菜馆　天山路紫云庄31幢101号　0754－88892828
2. 建业酒家　凤凰山路10号　0754－88464255
3. 天元大酒楼　嵩山北路18号　0754－88396000
4. 南香渔港　东厦北路报春园　0754－88380077
5. 悦宴概念餐饮　金砂东路127号华侨商业银行大厦首层　0754－86320998
6. 君华大酒店中餐厅　金砂东路97号　0754－88191188
7. 龙湖宾馆中餐厅　大北山路2号　0754－88260706
8. 新梅园大酒楼　华山北路高新科技开发区　0754－88364349
9. 金钻酒家　珠池路56号　0754－88882555
10. 金南香渔港　珠池路61号　0754－88991937
11. 大南香海鲜城　凤凰山路13号　0754－88167697
12. 龙香酒家　榕江路29号龙湖医院对面　0754－88363650
13. 揭阳桐坑龙记粿条　珠江路3号食街　114
14. 高老二牛肉店　珠江路食街　0754－88845299

15. 圆门干面馆　珠江路食街　0754－88898958

16. 妈屿鱼仔村　珠江路7号　0754－88738373

17. 细弟羊肉馆　珠江路食街　0754－86302133

18. 新源酒楼　嵩山路89号　0754－88837228

19. 金砂阿洲鱼册店　百合园25幢底层　0754－82884958

20. 汫洲蚝海鲜排档　金新北路广厦新城　0754－85934233

21. 荣轩食府　衡山路69号怡和雅居28幢　0754－88888108

22. 荣记鱼丸　嵩山路133号　0754－88990553

23. 幸运牛肉　东夏北路与华山北路交界（广夏商留城）
0754－88167393

24. 陈记土鸡　东厦北路百花路口对面　0754－88642858

25. 水仙大排档　东厦路98号（消防三中队斜对面）
0754－88632662

26. 金乐福自助中餐　金砂路81号金乐大酒店　0754－88913888

27. 聚福猪肚　水仙园36幢首层8号　0754－88327055

28. 金绿苑酒家　榕江路31号楼下　0754－88465999

29. 外砂老桥头鹅肉面　珠江路食街　0754－86308377

30. 南源大酒楼　黄山路67号　0754－88781389

31. 五洲大酒楼　珠池路53号　0754－24805656

32. 绿磨苑生态美食园　珠江路与泰山路交界处
0754－88992879

33. 百度烤肉　金砂路凯德花园正门　0754－88856127

34. 多多东南亚料理　中信东夏花园1期2栋10号铺
0754－88484188

35. 红太阳川菜　榕江路1号轻化大厦原义王府
0754－88176681

36. 迎宾路酒吧区　迎宾路工行附近酒吧区（四季树、第五大道等KTV）

37. 龙北细弟美食档　龙眼北路百合小学斜对面　0754－88602787

38. 亚头朥粕粥　鸥汀市场旁　114

39. 海棠鱼仔　金环南路海棠园40栋　0754－88642767

40. 广厦新城海鲜楼　东厦北路与华山路交界处　0754－88380828

41. 同亨大酒楼　黄山路 67 号　0754 – 86334433
42. 波记地都蟹粥（高新总店）华山路与科技西路交界德华学校门口　0754 – 88165817
43. 古松傅记药膳馆　金砂东路星湖丽景大厦 101 ~ 103 号（帝豪大酒店斜对面）　0754 – 88851889
44. 大坪埔合兴手工面　党校路 11 号　0754 – 88675277
45. 石头宴　金园路 39 号　0754 – 88620898

（第二部分　金砂路以南，金新路以东，见附录“汕头美食地图 2”）

46. 东海酒家　长平路 122 号广海大厦二楼　0754 – 88860828
47. 富缘建业酒家　黄山路逸景蓝湾对面　0754 – 88996622
48. 利园酒家　丹阳庄东区东一直街 6 号 1 座　0754 – 88933333
49. 金海湾酒店中餐厅　金砂东路金海湾酒店内　0754 – 88263263
50. 庄氏祥记食府　国瑞装饰城 2 幢四楼　0754 – 88170555
51. 富苑饮食（商检夜糜）商检局旁边巷内　0754 – 88887683
52. 老姿娘夜粥　长平路粮油旁　0754 – 88179337
53. 龙盛酒楼　嵩山路丰泽庄南汇大厦　0754 – 88326669
54. 二八粗菜馆　金环路 12 号颐源园 113 号　0754 – 88524882
55. 老姿娘蚝店　海滨路华侨公园斜对面　0754 – 88169160
56. 玉兰牛肉　东厦南路老飞厦市场　0754 – 88530403

57. 福合埕牛肉丸飞厦店　梅园 32 幢 1 ~ 2 楼　0754 – 88525002
58. 好牛肉火锅店　滨港路近银都翠苑　0754 – 88546885
59. 鱼乡　滨港路近银都翠苑　114
60. 豪园酒楼　嵩山南路　0754 – 88797338
61. 阿牛美食坊　韩江路 28 号（中泰花园段）　0754 – 88848733
62. 金新肠粉　金新路 47 号三身人附近　0754 – 88542527
63. 老姿娘粿汁　长平路粮油商场后的小巷内　0754 – 88243575
64. 深海鱼头　长平路菊园　0754 – 88251212
65. 长平不夜天大排档　长平路 51 号　0754 – 88619333
66. 南天海鲜大酒楼　长平路 55 号长平大厦近东厦路　0754 – 88231068
67. 海升楼　海滨路 33 号大洋商厦主楼西侧楼下　0754 – 88902988
68. 开元莲华素食府　海滨路 33 号大洋集团西侧楼　0754 – 82238033
69. 五福食苑　滨港路大洋花园二期 101 室　0754 – 88529693

70. 怡茂干面馆　长平路梅园 25 栋　0754－85875718
71. 杨记牛肉店　黄山路锦泰花园段　0754－88861000
72. 泰和轩酒家　韩江路华景广场对面马路　0754－88457788
73. 飞厦老二牛肉丸　飞厦北路翠园 4 栋 102～103 号　0754－88552653
74. 米茶乐　长平路 56 号　0754－83296555
75. 嘉禧西餐　金砂东路国际商业大厦　0754－8365090
76. 养心斋素食　金砂东路星洲花园　0754－88880841
77. 古巷裕记　嵩山南路　0754－88786336
78. 红磨坊凯泽店　长平路万客隆汽车出口对面　0754－8881138
79. 北国饭店　韩江路阳光花园一期　0754－88878317
80. 达濠炒饭　滨港路近银都翠苑　0754－88465997
81. 田记猪血　长平路平东一街　114
82. 阿龙鱼仔　中山东路海滨花园东区对面　0754－88895896
83. 陆羽茶馆　韩江路中泰花园 40 幢 101 号　0754－88733299
84. 衡山市场　衡山南路衡山综合市场
85. 平东三鲜包　平东一街 21 幢 105 号　0754－88240322
86. 成兴渔舫酒家　黄山路 32 号投资大厦一楼　0754－88562862
87. 帝豪酒店中餐厅　金砂东路 188 号帝豪大酒店内
0754－88199888
88. 快活海鲜苑　长平路泰山路交界　0754－88821118
89. 皇城大酒楼　韩江路中级法院旁　0754－88899929
90. 国酒韩江春　金砂中路 52 号汕头国际大酒店四楼
0754－88251212－14308

（第三部分　老市区至金新路以西，见附录“汕头美食地图 3”）

91. 细弟手打牛肉丸　红领巾路 47 号隔壁　0754－88126361
92. 南海老四手拍牛肉丸　跃进路 21 号旁　0754－88982283
93. 郭记五香牛肉　跃进路 14 号之六　0754－83932258
94. 杜龙火锅　中山路 22 号　0754－88426020
95. 飘香小食店　国平路 39 号　0754－88287111
96. 榕香蚝烙　外马路 183 号　0754－88443071
97. 福合沟无米粿店　福平路 20 号　0754－88440706
98. 西天巷蚝烙　升平路西天巷　0754－88161033

99. 盛记香肉　杏花路 54 号　0754－88217083
100. 铭丰风味小食　华坞路 8 号 08 号铺　114
101. 广场老姿娘米粉店　海滨路 3 号（与新兴路交界）
0754－82737337
102. 老衫排福平芝麻糊　福平路 61 号　0754－88970588
103. 阿喜烧烤　外马路台湾宾馆和交通银行门前
0754－88300993
104. 老妈宫粽球　升平路老妈宫前新关街 5 号　0754－88273535
105. 同益猪肚汤　同益路 30 号 107 号市场入口右侧 13682913386
106. 南大美食店　红领巾路 51 号　0754－88124699
107. 明兴小食　外马路尾一中后门对面　0754－88524246
108. 海平兄弟鱼仔　民族路福合埕段　1371599363
109. 月眉湾酒楼　海滨路 21 号　0754－88562862
110. 爱西干面　国平路 1 号外马路交界　0754－88467157
111. 阿伟鱼仔　西堤路　15817931713
112. 恒安食摊　西堤路（与安平路交界）　13715896264
113. 居平鲎粿　居平路与至平路交界的巷内　114
114. 市府旁食街　市政府旁路中段食街　114
115. 角螺细弟海鲜火锅　博爱路步行街　0754－88456763
116. 海滨鱼仔店　石炮台公园旁边　0754－88568666
117. 金砂池塘海鲜锅　汕樟路金砂池尾（金平公安局对面）
0754－88236313
118. 阿鸿大排档　福合埕夜食街　13802334211
119. 金凤酒楼　金砂东路 36 号鮀岛宾馆内　0754－88316668
120. 新兴餐室　外马路 141 号　0754－88445418
121. 海记牛肉　黄岗路坪西 6 座 014～016　13715998354
122. 林记牛肉店　汕樟路 76 号　0754－88121782

（**第四部分　汕头周边食店**）

澳头食街　南滨路澳头村段

明园山庄（会所）　礐石风景区医生顶　114

达濠蒂蒂香鱼丸小食店　濠江区海傍路 28 号 A 栋 101

0754－87381405

新晶合酒楼　达濠区西门头　0754－87389818
成园酒家　海门镇莲花峰前　0754－86611118
成兴酒家　海门镇潮海路　0754－86634899
中信度假村酒店中餐厅　濠江区中信度假村　0754－83900128
壮雄薄壳米　国道324线盐鸿段收费站旁　0754－85778466
成兴渔坊莱芜店　莱芜神女路　0754－85501858
乌弟鹅肉面　外砂锦骏花园西区5号楼斜对面　114
樟林涂泥海鲜店　东里镇老车站　0754－85752408
澄海妙银粽球　澄海西门振新南路8幢2号　0754－85723701
樟林老姿娘海鲜店　东里镇老车站　0754－85752728
澄城东楼酒家　澄城镇文化路澄中综合楼　0754－85123033
澄湖大酒楼　澄海区东门头桂花园　0754－85872076
新姿娘海鲜　澄海区樟林老车头　0754－85300678
海上海鱼舫　金鸿公路食街　0754－86208833
南澳渔港大食堂　南澳县云澳镇海边　13556411108
潮阳新苑酒楼　棉城棉新大道国税大楼左侧　0754－88721338

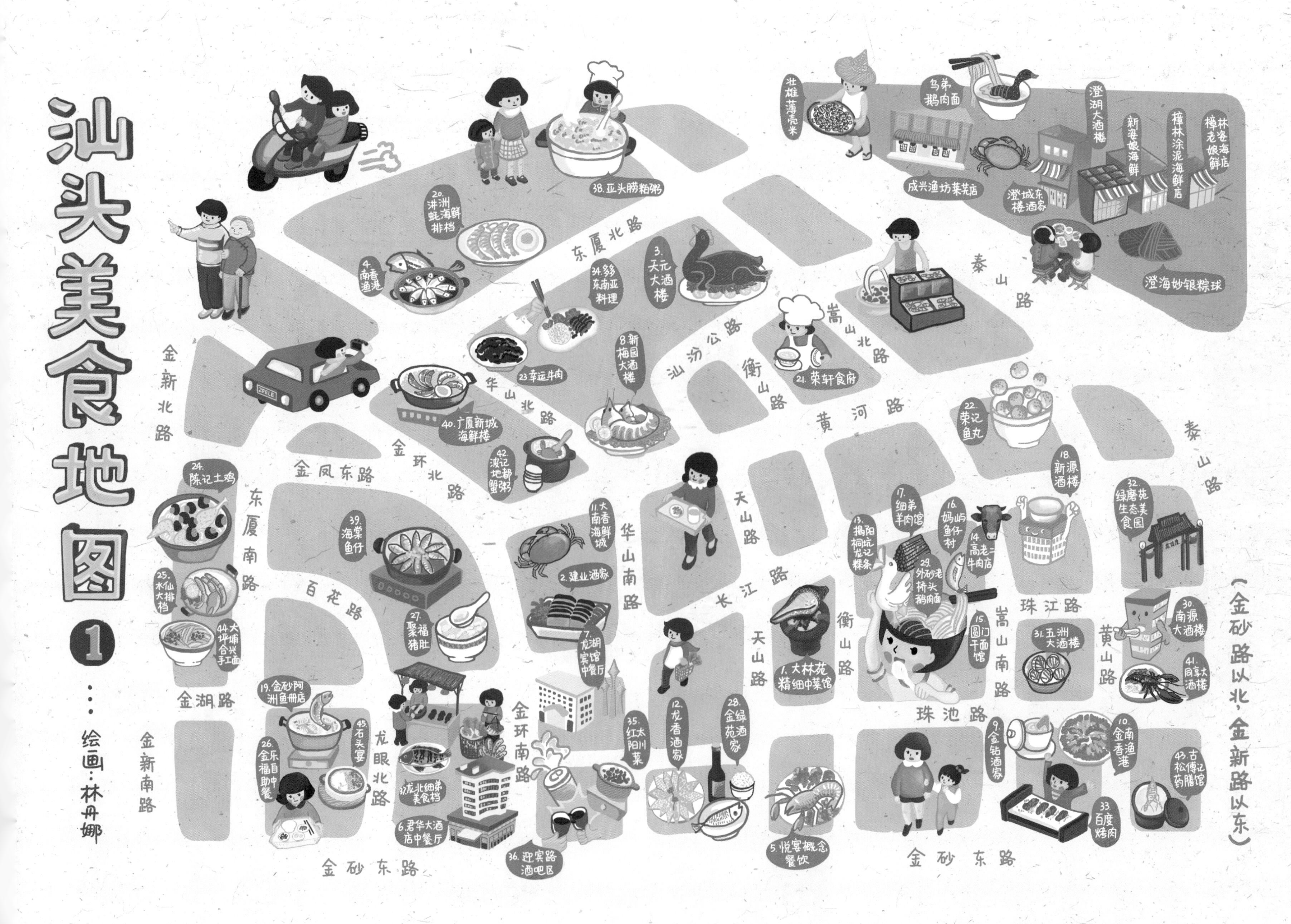

汕头美食地图
1
绘画：林丹娜
38.亚头膀粕粥
20.汫洲蚝海鲜排档
4.南香渔港
东厦北路
3.天元大酒楼
34.多多东南亚料理
8.新梅园大酒楼
23.幸运牛肉
40.广厦新城海鲜楼
42.波记地都蟹粥
金新北路
金凤东路
金环北路
华山北路
汕汾公路
衡山路
嵩山北路
21.荣轩食府
黄河路
泰山路
壮雄薄壳米
乌弟鹅肉面
成兴渔坊菜馆
澄湖大酒楼
新海娘海鲜
樟林涂泥海鲜店
樟林老娘海鲜店
澄城东楼酒家
澄海妙银粽球
22.荣记鱼丸
泰山路
24.陈记土鸡
东厦南路
25.水仙大排档
44.大埔合兴手工面
39.海棠鱼仔
百花路
27.聚福猪肚
11.大南香海鲜城
2.建业酒家
华山南路
7.龙湖宾馆中餐厅
天山路
长江路
1.大林苑精细中菜馆
衡山路
天山路
17.细弟羊肉馆
13.揭阳桐坑龙记粿条
16.妈屿鱼仔村
14.高老二牛肉店
29.外砂老桥头鹅肉面
15.圆门干面馆
嵩山南路
18.新源酒楼
32.绿蘑菇生态美食园
珠江路
31.五洲大酒楼
黄山路
30.南源大酒楼
41.同享大酒楼
(金砂路以北，金新路以东)
金湖路
金新南路
19.金砂阿洲鱼册店
45.石头宴
26.金乐福自助中餐
龙眼北路
37.龙北细弟美食档
6.君华大酒店中餐厅
金环南路
36.迎宾路酒吧区
35.红太阳川菜
12.龙香酒家
28.金绿苑酒家
5.悦宴概念餐饮
珠池路
9.金铂酒家
10.金南香渔港
43.古松傅记药膳馆
33.百度烤肉
金砂东路
金砂东路

汕头美食地图②

……绘画：林丹娜

（金砂路以南，金新路以东）

金砂东路
90.国酒韩江春
81.田记猪血
85.平东三鲜包
东厦南路
龙眼南路
64.深海鱼头
金环南路
49.金海湾酒店中餐厅
75.嘉禧西餐
51.富苑饮食（商检夜粥）
三联书店
46.东海酒家
76.养心斋素食
53.龙盛酒楼
86.成兴渔所
60.家园酒楼
嵩山路
77.古巷裕记
78.红磨坊
87.帝豪酒店
52.老婆娘夜粥
65.长平不夜天大排档
63.老婆娘粿汁
62.金新肠粉
肠粉
70.怡花干面馆
57.福合埕牛肉丸店
66.南天海鲜大酒楼
73.飞厦老二牛肉丸
54.二八粗菜馆
时代广场
长平路
华山南路
天山南路
74.米茶乐
48.利园酒家
79.北国饭店
衡山路
72.泰和轩酒家
84.衡山市场
61.阿牛美食坊
89.皇城大酒楼
47.富绿建业酒家
黄山路
88.快活海鲜苑
韩江路
中山中路
56.玉兰牛肉
80.达濠炒饭
58.好牛肉
59.彭
82.阿龙鱼仔
中信海滨花园
华侨公园
71.杨记牛肉店
83.陆羽茶馆
中山东路
泰山路
汕头国际集装箱码头
庄氏祥记
50.庄氏祥记食府
国瑞建材城
金新南路
东厦南路
68.开元莲华素食府
69.五福食苑
滨港路
67.海升楼
55.老婆娘蚝店
海滨路
TAXI
中信度假村酒店中餐厅
达濠蒂蒂香鱼丸小食店
澳头食街
明园山庄（会所）
新晶合酒楼

潮汕名食特产

饶平
浮山柿饼
大澳珠蚶
井洲大蚝
井洲薄壳
潮州椪桶柑
岭头白叶单丛

潮州
意溪朥饼
潮州粿汁
胡荣泉春卷
潮州腐乳饼
凤凰单丛茶
潮州鸭母捻
潮州老香黄
凤凰浮豆干

揭阳
揭阳乒乓粿
埔田竹笋
炮台尖米丸
揭阳豉油
新亨菜脯
地都青蟹
揭阳粿条

普宁
薯粉豆干
普宁豆酱
普宁面线
普宁番薯糜
军埠南糖
普宁蕉柑

惠来
隆江绿豆饼
神泉鱼丸
惠来薯粉条
隆江猪脚

潮阳
内辇乌酥杨梅
贵屿薰鸭脯
峡山薰猪肠
金玉三棱橄榄
河溪姜薯
海门糕仔
棉城鲎粿
东山益母草
华湖乌叶荔枝
靖海豆楫

汕头
汕头鱼露
潮汕鱼饭
汕头粽球
达濠鱼丸
潮汕蚝烙
达濠米润
长春药酒

澄海
苏南卤鹅
澄海咸菜
莱芜紫菜
乌橄榄菜
盐鸿薄壳米
乌须佃鱼
山合猪头粽

南澳
南澳宅鲩
南澳紫菜

绘画：林丹娜

汕头美食地图 ③

绘画：林丹娜

猪血汤
迴澜桥伯公炸豆干
99.盛记香肉
122.林记牛肉店
117.金砂池塘海鲜锅
97.福合沟无米粿店
102.老杉排福平芝麻糊
中山公园
金砂中路
100.铭丰风味小食
汕樟路
119.金凤酒楼
金新南路
韩堤路
镇平路
108.海平兄弟鱼仔
118.阿鸿大排档
95.飘香小食店
105.同益猪肚汤
94.杜龙火锅
121.海记牛肉
中山路
新兴路
大华路
98.西天巷蚝烙
小公园
升平路
升平路
103.阿喜烧烤
120.新兴餐室
96.榕香蚝烙
91.细弟手打牛丸
111.阿伟鱼仔
110.爱西干面
104.老妈宫粽球
外马路
106.南大美食店
107.明盛小食
西堤路
新华书店
114.市府旁食街
利安路
113.居平堂粿
南海路
93.郭记五香牛肉
跃进路
115.角螺细弟海鲜火锅
101.广场老婆娘米粉店
红领巾路
109.月眉湾酒楼
116.海滨鱼仔店
石炮台公园
112.恒安食摊
92.南海老四手拍牛肉丸
0754
海滨路
（老市区至金新路以西）
潮阳新苑酒楼
海门成兴酒家
海门成园酒家
南澳鱼港大食堂

后　记

对于《潮汕味道》这本新作，我将其定位为潮汕美食的指南书和人文读本。说是潮汕美食的指南书，是因为里面的内容为美食爱好者和寻味者提供了所需要的一切指导和帮助，例如，到潮汕后必吃的菜肴、小吃和茶配（茶食），以及同一种食物需要到哪里吃和如何吃才算得上正宗而且美味，等等。书中附录部分附有手绘的“汕头美食地图”和“潮汕名食特产地图”，并附有推荐食店的详细地址和联系电话等，这些内容都是美食爱好者们的必备信息。说是潮汕美食的人文读本，诚如我在“自序：美食向导”中所说，我在书中介绍的是潮汕美食而非潮汕饮食，所以需要将那些食物背后隐藏的乡土文化、饮食习俗和历史细节挖掘出来——我相信任何人只要坚持以这种方式对事物进行观察和叙述，最终产生的文字都会具有永恒的人文价值。

在写作方式上，《潮汕味道》也完全不同于以前出版的《潮菜天下》。实际上，《潮菜天下》是报纸专栏文章的集锦，有时为了按时交稿，有时因为字数的限制，往往写得较为仓促。《潮汕味道》作为“潮汕文化丛书”的一种，是先接受写作任务，列好提纲再进行创作的，过程极其从容。书中对潮州筵席、糜与主食、粿和小吃、潮食理念、现代潮菜及美食本质等进行了深入细致的探讨，并且取得了实质性的研究成果。

潮汕味道很难用一句话来概括，因为它是多元的，希望这本书能够让您的美食之旅更加畅快！

张新民

2012 年 1 月 8 日于汕头阳光海岸